NCT全国青少年
编程能力等级测试教程

图形化编程

二级

NCT全国青少年编程能力等级测试教程编委会 编著

清华大学出版社

北京

内 容 简 介

本书依据《青少年编程能力等级》(T/CERACU/AFCEC/SIA/CNYPA 100.2—2019)标准进行编写。本书是 NCT 全国青少年编程能力等级测试备考、命题的重要依据,对 NCT 考试中图形化编程二级测试的命题范围及考查内容做了清晰的讲解。

本书绪论部分对 NCT 全国青少年编程能力等级测试的考试背景、报考说明、备考建议等进行了介绍。全书共包含十七个专题,其基于 Kitten 工具,对《青少年编程能力等级》标准中图形化编程二级做出了详细解析,提出了青少年需要达到的图形化编程二级标准的能力要求,例如掌握更多编程知识和技能,能够根据实际问题的需求设计并编写程序,解决复杂问题,创作编程作品等。同时,对考试知识点和方法进行了系统性的梳理和说明,并结合真题、模拟题进行了讲解,以便读者更好地理解相关知识。

本书适合参加 NCT 全国青少年编程能力等级测试的考生备考使用,也可作为图形化语言编程初学者的参考用书。

图书在版编目(CIP)数据

NCT 全国青少年编程能力等级测试教程. 图形化编程二级/NCT 全国青少年编程能力等级测试教程编委会编著. —北京:清华大学出版社,2020.12(2021.12 重印)
ISBN 978-7-302-56586-4

Ⅰ. ①N… Ⅱ. ①N… Ⅲ. ①程序设计—青少年读物 Ⅳ. ①TP311.1-49

中国版本图书馆 CIP 数据核字(2020)第 187274 号

责任编辑:焦晨潇
封面设计:范裕怀
责任校对:袁 芳
责任印制:宋 林

出版发行:清华大学出版社
     网 址:http://www.tup.com.cn,http://www.wqbook.com
     地 址:北京清华大学学研大厦 A 座　　　　邮 编:100084
     社 总 机:010-62770175　　　　邮 购:010-62786544
     投稿与读者服务:010-62776969,c-service@tup.tsinghua.edu.cn
     质量反馈:010-62772015,zhiliang@tup.tsinghua.edu.cn
印 装 者:三河市龙大印装有限公司
经 销:全国新华书店
开 本:185mm×260mm　　印 张:13.25　　字 数:254 千字
版 次:2020 年 12 月第 1 版　　印 次:2021 年 12 月第 3 次印刷
定 价:58.00 元

产品编号:088842-01

本书编委

特约主审

樊 磊

编委（以姓氏拼音为序）

陈奕骏　范裕怀　胡 月　蒋亚杰　李 潇

李 泽　李兆露　刘 丹　刘 洪　刘 茜

刘天旭　秦莺飞　邵 磊　施楚君　孙晓宁

王洪江　吴楚斌　奚 源　夏 立

前　言

　　NCT 全国青少年编程能力等级测试是国内首家通过全国信息技术标准化技术委员会教育技术分技术委员会（暨教育部教育信息化技术标准委员会）《青少年编程能力等级》标准符合性认证的等级考试项目。它围绕 Kitten、Python 等在国内外拥有广泛用户基础的热门通用编程工具和编程语言，从逻辑思维、计算思维、创造性思维三个方面考查学生的编程能力水平，旨在以专业、完备的测评系统推动标准的落地，以考促学，以评促教。它除了注重学生的编程技术能力外，更加重视学生的应用能力和创新能力。

　　为了引导考生顺利备考 NCT 全国青少年编程能力等级测试，由从事 NCT 全国青少年编程能力等级测试试题研究的专家、工作人员及在编程教育一线从事命题研究、教学、培训的教师共同精心编写了"NCT 全国青少年编程能力等级测试教程"系列丛书，该丛书共七册。本册为《NCT 全国青少年编程能力等级测试教程——图形化编程二级》，是以 NCT 全国青少年编程能力等级测试考生为主要读者对象，适合于考生在考前复习使用，也可以作为相关考试培训班的辅助教材以及中小学教师的参考用书。

　　本书绪论部分介绍了考试背景、报考说明、备考建议等内容，建议考生与辅导教师在考试之前务必熟悉此部分内容，避免出现不必要的失误。

　　全书共有十七个专题，详细讲解了 NCT 全国青少年编程能力等级测试——图形化编程二级的考查内容。每个专题都包含考查方向、考点清单、考点探秘、巩固练习四个模块，其内容和详细作用如下表所示。

固定模块	内　容	详　细　作　用
考查方向	能力考评方向	给出能力考查的五个维度
	知识结构导图	以思维导图的形式展现专题中所有的考点和知识点
考点清单	考点评估	对考点的重要程度、难度、考查题型及考查要求进行说明，帮助考生合理制订学习计划
	知识梳理	将重要的知识点提炼出来，进行图文讲解和举例说明，帮助考生迅速掌握考试重点
	备考锦囊	考点中易错点、重难点的说明和提示

续表

固定模块	内　容	详　细　作　用
考点探秘	考题	列举典型例题
	核心考点	列举出主要考点
	思路分析	讲解题目解题思路及解题步骤
	考题解答	对考题进行详细分析和解答
	举一反三	列举相似题型，供考生练习
巩固练习		学习完每个专题后，考生通过练习巩固知识点

　　书中附录部分的"真题演练"提供了两套历年真题并配有答案及解析，供考生进行练习和自测，读者可扫描相应的二维码下载真题演练及参考答案文件。

　　由于编者水平有限，书中难免存在疏漏之处，恳请广大读者批评、指正。

编　者

2020 年 8 月

目 录

目
录

目录

绪　论

（一）考试背景

1．青少年编程能力等级标准

为深入贯彻《新一代人工智能发展规划》和《中国教育现代化 2035》中关于青少年人工智能教育的相关要求，推动青少年编程教育的普及与发展，支持并鼓励青少年树立远大志向，放飞科学梦想，投身创新实践，加强中国科技自主创新能力的后备力量培养，中国软件行业协会、全国高等学校计算机教育研究会、全国高等院校计算机基础教育研究会、中国青少年宫协会四个全国一级社团组织联合立项并发布了《青少年编程能力等级》团体标准第 1 部分和第 2 部分。其中，第 1 部分为图形化编程（一至三级）；第 2 部分为 Python 编程（一至四级）。《青少年编程能力等级》作为国内首个衡量青少年编程能力的标准，是指导青少年编程培训与能力测评的重要文件。

表 0-1 为图形化编程能力等级划分。

表　0-1

等　　级	能 力 要 求	等级划分说明
图形化编程一级	基本图形化编程能力	掌握图形化编程平台的使用，应用顺序、循环、选择三种基本的程序结构，编写结构良好的简单程序，解决简单问题
图形化编程二级	初步程序设计能力	掌握更多编程知识和技能，能够根据实际问题的需求设计和编写程序，解决复杂问题，创作编程作品，具备一定的计算思维
图形化编程三级	算法设计与应用能力	综合应用所学的编程知识和技能，合理地选择数据结构和算法，设计和编写程序解决实际问题，完成复杂项目，具备良好的计算思维和设计思维

表 0-2 为 Python 编程能力等级划分。

表　0-2

等　　级	能 力 目 标	等级划分说明
Python 一级	基本编程思维	具备以编程逻辑为目标的基本编程能力
Python 二级	模块编程思维	具备以函数、模块和类等形式抽象为目标的基本编程能力
Python 三级	基本数据思维	具备以数据理解、表达和简单运算为目标的基本编程能力
Python 四级	基本算法思维	具备以常见、常用且典型算法为目标的基本编程能力

《青少年编程能力等级》中共包含图形化编程能力要求 103 项，Python 编程能力要求 48 项。《青少年编程能力等级》标准第 1 部分详情请参照附录。

2．NCT 全国青少年编程能力等级测试

NCT 全国青少年编程能力等级测试是国内首家通过全国信息技术标准化技术委员会教育技术分技术委员会（暨教育部教育信息化技术标准委员会）《青少年编程能力等级》标准符合性认证的等级考试项目。它围绕 Kitten、Scratch、Python 等在国内外拥有广泛用户基础的热门通用编程工具和编程语言，从逻辑思维、计算思维、创造性思维三个方面考查学生编程能力水平，旨在以专业、完备的测评系统推动标准的落地，以考促学，以评促教。它除了注重学生的编程技术能力外，更加重视学生的应用能力和创新能力。

NCT 全国青少年编程能力等级测试分为图形化编程（一至三级）和 Python 编程（一至四级）。

（二）图形化编程二级报考说明

1．报考指南

考生可以登录 NCT 全国青少年编程能力等级测试官方网站了解更多信息，并进行考试流程演练。

（1）报考对象

① 面向人群：年龄为 8 ～ 18 周岁，学级为小学 3 年级至高中 3 年级的青少年群体。

② 面向机构：中小学校、中小学阶段线上及线下社会培训机构、各地电教馆、少年宫、科技馆。

（2）考试方式

① 上机考试。

② 考试工具：Kitten 编辑器（下载路径：NCT 全国青少年编程能力等级测试官网→考前准备→软件下载）。

（3）考试合格标准

满分为 100 分。60 分及以上为合格，90 分及以上为优秀，具体以组委会公布的信息为准。

（4）考试成绩查询

登录 NCT 全国青少年编程能力等级测试官方网站查询，最终成绩以组委会公布的信息为准。

（5）对考试成绩有异议可以申请查询

成绩公布后 3 日内，如果认为考试成绩存在异议，可按照编委会的指引发送异议信息到组委会官方邮箱。

（6）考试设备要求

考试设备要求如表 0-3 所示。

表 0-3

项　目		最低要求	推　荐
硬件	键盘鼠标	必须配备	
	前置摄像头		
	话筒		
	内存	1GB 以上	4GB 以上
软件	操作系统	PC：Windows 7 或以上 苹果计算机：Mac OS X 10.9 Mavericks 或以上	PC：Windows 10 苹果计算机：Mac OS X El Capitan 10.11 以上
	浏览器	谷歌浏览器 Chrome v55 及以上版本 （最新版本下载：NCT 全国青少年编程能力等级测试官网→下载中心）	谷歌浏览器 Chrome v79 及以上或最新版本 （最新版本下载：NCT 全国青少年编程能力等级测试官网→下载中心）
	网络	下行：1Mbps 以上 上行：1Mbps 以上	下行：10Mbps 以上 上行：10Mbps 以上

注：最低要求为保证基本功能可用，考试中可能会出现卡顿、加载缓慢等情况。

2．题型介绍

图形化编程二级考试时长为 60 分钟，卷面分值为 100 分。具体题量及分值分配如表 0-4 所示。

表 0-4

题　型	每题分值 / 分	题目数量	总分值 / 分
单项选择题	3	10	30
填空题	5	5	25
操作题 1	15	1	15
操作题 2	30	1	30

（1）单项选择题

① 考查方式

根据题干，从四个选项中选择最合理的一项。

② 例题

阿短在编写一个古诗接龙的游戏。下列脚本实现的是诗句"白日依山尽，黄河入海流"的接龙，如图 0-1 所示，则问号所代表的内容是（　　　　）。

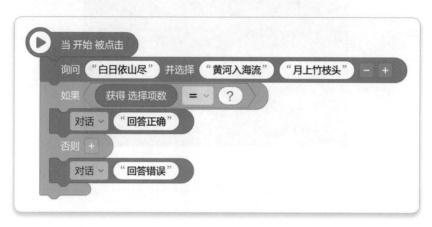

图　0-1

A．0　　　　　　　B．1　　　　　　　C．2　　　　　　　D．黄河入海流

答案：B

（2）填空题

① 考查方式

根据题干描述，填写最符合题意的答案。答题过程中，需要仔细阅读注意事项，如仅填写数字，勿填写其他文字或字符。

图　0-2

② 例题

运行以下脚本，如图 0-2 所示，角色一共移动了_____步。

注：仅填写数字，勿填写其他文字或字符。

答案：210

（3）操作题 1

① 考查方式

根据题干给出的程序预期效果及预置程序，考生需要在预置程序的基础上进行拼接、修改和调试。

② 例题

雨后的草地上有很多蘑菇，"木叶龙"来采蘑菇，如图 0-3 所示。

程序预期实现的效果如下所述。

图　0-3

效果 1："木叶龙"缓缓地移向"蘑菇"。

效果 2：碰到"蘑菇"后，得分加 1，同时"蘑菇"随机出现在新的位置。

然而，运行程序后，存在以下问题，请你进行完善。

a．角色"木叶龙"的脚本是散开的，请你进行拼接，实现效果 1。（4 分）

b．角色"蘑菇"的效果存在一些问题，请你修改其脚本，实现效果 2。（6 分）

扫描二维码下载文件：绪论操作题 1 的预置文件。

（4）操作题 2

① 考查方式

根据题干给出的程序预期效果及预置程序，考生按照要求进行编程和创作。

② 例题

使用给定素材进行创作，如图 0-4 所示。

作品要求：

a．使用画板绘制角色"开始按键"。（3 分）

b．启动程序后，单击"开始按键"，游戏开始，"开始按键"隐藏。（3 分）

c．游戏开始后，三条"小鱼"在舞台上左右往复移动，角色朝向和移动方向应一致。（6 分）

d．单击"小鱼"，"小鱼"消失，得分加 1。（4 分）

e．得分为 3 时，显示"胜利"。（4 分）

扫描二维码下载文件：绪论操作题 2 的预置文件。

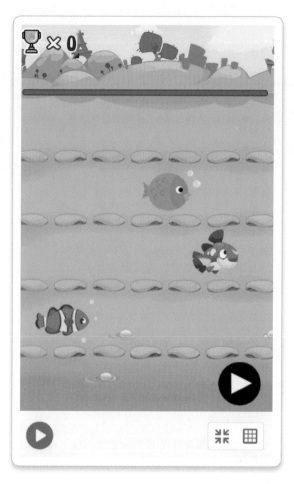

图 0-4

（三）备考建议

　　NCT 全国青少年编程能力等级测试图形化编程二级考查内容依据《青少年编程能力等级》标准第 1 部分图形化二级制定。本书的专题与标准中的能力要求对应，相关对应关系及建议学习时长如表 0-5 所示。

表 0-5

编号	名 称	能力要求	对应专题	建议学习时长 / 小时
1	二维坐标系	掌握二维坐标系的基本概念	专题 1　二维坐标系	2
2	画板编辑器	掌握画板编辑器的常用功能	专题 2　画板编辑器	2
3	运算操作	掌握运算相关指令模块，完成常见的运算和操作	专题 3　运算操作	3

编号	名　称	能力要求	对应专题	建议学习时长/小时
4	画笔	掌握画笔功能，能够结合算术运算、转向和平移绘制出丰富的几何图形。 例：使用画笔绘制五环或者正多边形组成的繁花图案等	专题4　画笔	2
5	事件	掌握事件的概念，能够正确使用常见的"事件"，并能够在程序中综合应用	专题5　事件	1
6	广播	掌握广播和消息处理的机制，能够利用广播指令模块实现多角色间的消息传递。 例：当游戏失败时，广播失败消息通知其他角色停止运行	专题6　广播	1.5
7	变量	掌握变量的用法，在程序中综合应用，实现所需效果。 例：用变量记录程序运行状态，根据不同的变量值执行不同的脚本；用变量解决鸡兔同笼等数学问题	专题7　变量	3
8	列表	了解列表的概念，掌握列表的基本操作	专题8　列表	3
9	函数	了解函数的概念和作用，能够创建和使用函数	专题9　函数	4
10	计时器	掌握计时器指令模块，能够使用计时器实现时间统计功能，并能实现超时判断	专题10　计时器	1
11	克隆	了解克隆的概念，掌握克隆相关指令模块，让程序自动生成大量行为相似的克隆角色	专题11　克隆	4
12	注释	掌握注释的概念及必要性，能够为脚本添加注释	专题12　注释	0.5
13	程序结构	掌握顺序、循环、选择结构，综合应用三种结构编写具有一定逻辑复杂性的程序	专题13　程序结构	0.5
14	程序调试	掌握程序调试的方法，能够通过观察程序运行结果和变量的数值对错误（bug）进行定位，对程序进行调试	专题14　程序调试	0.5

绪论

续表

编号	名　　称	能　力　要　求	对应专题	建议学习时长 / 小时
15	流程图	掌握流程图的基本概念，能够使用流程图设计程序流程	专题 15　流程图	1
16	知识产权与信息安全	了解知识产权与信息安全的概念，了解网络中常见的安全问题及应对措施	专题 16　知识产权与信息安全	0.5
17	虚拟社区中的道德与礼仪	了解虚拟社区中的道德与礼仪，能够在网络上与他人正常交流	专题 17　虚拟社区中的道德与礼仪	0.5

绪
论

专题1

二维坐标系

无论是博弈的棋盘，还是教室的座位，人们习惯用横平竖直的方式来排列，笛卡儿深受启发，创建了二维坐标系（即笛卡儿直角坐标系）。"二维"即两个维度，也就是两个方向；"坐标"代表一个点坐落的位置。本专题将带领大家熟练掌握二维坐标系，使大家在编程的舞台上更加游刃有余。

考查方向

★ 能力考评方向

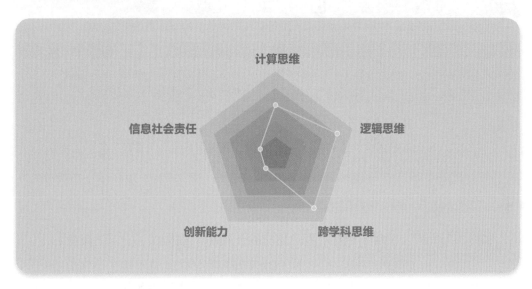

★ 知识结构导图

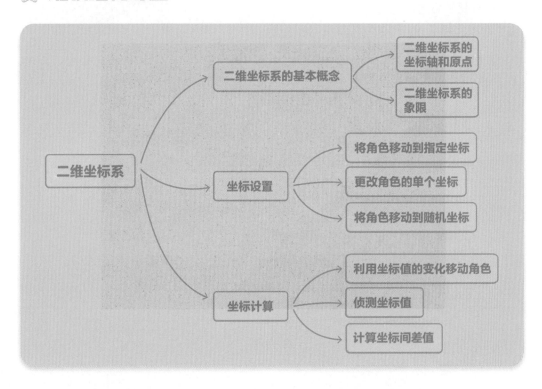

考点清单

考点1 二维坐标系的基本概念

考点评估		考查要求
重要程度	★★★☆☆	1．掌握二维坐标系 x 轴和 y 轴对应走向，知道两条坐标轴上坐标值的变化规律；
难度	★★☆☆☆	2．知道原点在二维坐标系上的位置及坐标表示；
考查题型	选择题、填空题	3．了解象限的定义，掌握二维坐标系中象限的划分

（一）二维坐标系的坐标轴和原点

　　如图 1-1 所示，舞台区相互垂直且相交的 x 轴和 y 轴构成了一个二维坐标系。x 轴从左向右延伸，y 轴从下向上延伸，这两条坐标轴的交汇处就是这个坐标系的原点。

　　原点处坐标的 x 值与 y 值均为 0，故在二维坐标系中原点坐标应表示为（0，0）。两条坐标轴沿着自己延伸的方向，从原点出发，数值标识越来越大，例如，x 轴上的数，从左往右越来越大。

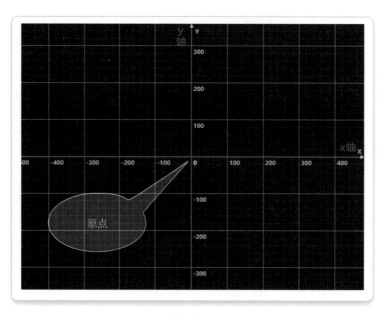

图　1-1

（二）二维坐标系的象限

二维坐标系的两条坐标轴把舞台划分成四个区域，在数学中，它们被称为四个"象限"。从右上角开始，沿着逆时针方向排序，分别是第一、第二、第三和第四象限，如图 1-2 所示。

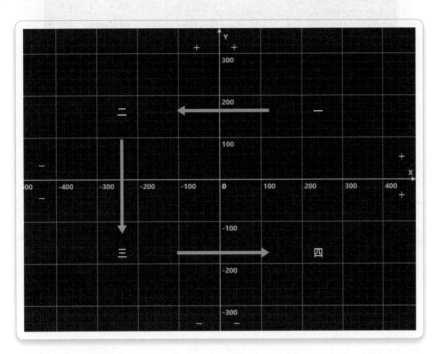

图　1-2

1．象限中的坐标值

这四个象限中的位置坐标都有规律可循，象限与坐标的正、负（+、—）规律如表 1-1 所示。

表　1-1

象　限	x 坐标	y 坐标
第一象限	＋（正）	＋（正）
第二象限	—（负）	＋（正）
第三象限	—（负）	—（负）
第四象限	＋（正）	—（负）

如图 1-3 所示，位于第四象限的小球 x 坐标为 247，正值；y 坐标为−170，负值。

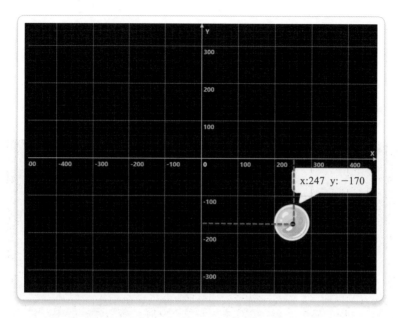

图　1-3

2．不属于任何象限的坐标

由表 1-1 可知，象限中的坐标值非正即负，坐标值"0"并不在任何一个象限的范围内。也就是说，两条坐标轴上的点（包括原点）不属于任何象限。也可以记成，只要有一个坐标值为 0，这个点就不属于任何象限。

	考点评估		考查要求
重要程度	★★★★☆		1．掌握将角色移动到指定位置的方法；
难度	★★★★☆		2．能够对角色的坐标值进行设定和修改，按照指定轨迹移动；
考查题型	选择题、填空题、操作题		3．结合随机数，使角色移动到指定区间内随机位置

（一）将角色移动到指定坐标

1．在属性栏中更改坐标

在编辑器右下方的属性栏中，不仅可以看到角色的名称、坐标等属性，还可以直接进行编辑，如图 1-4 所示。

图　1-4

如图 1-5 所示，将光标移动到属性栏中的坐标值上，单击后即可编辑。按下回车键或单击编辑框外任意位置，编辑完成。角色会在编辑中和编辑完成后即时移动到当前坐标位置。

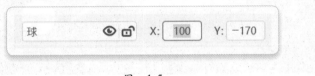

图　1-5

注：虽然角色图案覆盖多个坐标点，但角色的坐标指的是它中心点所在的坐标点。

2."移到 x（）y（）"积木

如图 1-6 所示，"移到 x（）y（）"积木和"在（）秒内，移到 x（）y（）"积木可以在程序运行时，让角色移动到指定的坐标位置。

图　1-6

（二）更改角色的单个坐标

程序只需要改变角色 x、y 坐标中的某一个数值时，可以使用"将 [x/y] 坐标 设置为（）"积木（见图 1-7）或"将 [x/y] 坐标 增加（）"积木（见图 1-8）。这两个积木都可以在下拉列表中选择需要更改的单个坐标。

图　1-7

图　1-8

专题 1

15

"将 [x/y] 坐标 增加（）"积木与其他坐标类积木不同，它只能从角色当前位置出发，向垂直或水平方向移动一定距离。如图 1-9 所示，要想使角色小球从 A 点移到 C 点，则该积木需要先到达 B 点后，才能到达 C 点。

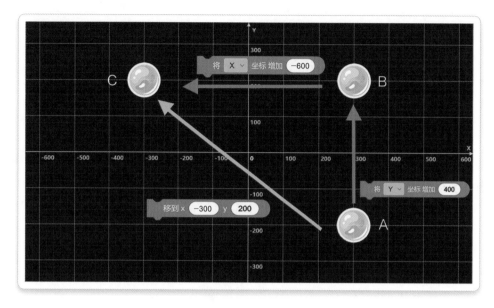

图　1-9

（三）将角色移动到随机坐标

将设定坐标的积木与随机数积木结合，即可将角色移动到随机坐标。用法示例如图 1-10 所示。

图　1-10

如图 1-11 所示，该积木可以让角色只在第一象限随机出现。

图　1-11

专题 1

● **备考锦囊**

这种随机坐标的移动不仅能让角色在某一条线上随机移动，还能限制角色只能在舞台的某一个区域内随机移动。

考点 3 坐标计算

考点评估		考查要求
重要程度	★★★★★	1．掌握使角色匀速运动或变速运动的方法；
难度	★★★★☆	2．能够侦测角色或鼠标的坐标值；
考查题型	选择题、填空题、操作题	3．掌握坐标计算的方法

（一）利用坐标值的变化移动角色

1．匀速运动

与"移动（）步"积木类似，结合重复执行积木，"将 [x/y] 坐标 增加（）"积木同样可以让角色在舞台上运动且速度不改变，即匀速移动。如图 1-12 所示，该脚本可控制角色在竖直方向上匀速向上移动。

2．变速运动

变速运动一般是指加速或减速运动。设置一个"速度"变量，在用它控制坐标增加的同时改变它的数值，即可做出变速运动。在图 1-13 中，变量"速度"的初始值为 1，每次坐标变化后，该值都增加 1，所以每次坐标增加都比之前多，从而形成了加速运动。

图　1-12

图　1-13

● **备考锦囊**

变量"速度"的增加并不一定意味着加速运动。例如，速度的初始值为负数时，数值的增加意味着绝对值的减少，故这个向着坐标轴反方向运动的速度在不断减小。图 1-14 中的程序可以制作一个先减速后加速的运动。

图　1-14

（二）侦测坐标值

在"侦测"积木盒子中，有两个与坐标值有关的积木，即"[自己] 的 [x 坐标]"积木和"鼠标的 [x] 坐标"积木，如图 1-15 所示。它们分别可以在运行时侦测角色的坐标值和鼠标的坐标值。

图　1-15

通过下拉列表可以选择侦测的角色和坐标，如图 1-16 所示。

图　1-16

如果只是想知道当前角色的坐标值，直接观察属性栏会更加便捷。

● 备考锦囊

　　侦测坐标的积木一般应用于判断角色或鼠标光标是否到达了某个区域内，或记录当前位置，以方便后续操作。例如，判断鼠标是否停留在第三象限、记录角色移动到的随机位置等，以便程序可以准确统计鼠标有多少次落在了指定区域。

（三）计算坐标间差值

　　舞台上的坐标由 x 和 y 两个坐标值构成，当需要计算两个点的坐标差值时，需要以 x 值和 y 值分别计算。这个数值和"直线距离"是不一样的，如图 1-17 所示。结合侦测盒子中的"[ ] 的 [ ]"积木与运算"减"积木，即可得到角色坐标差值。

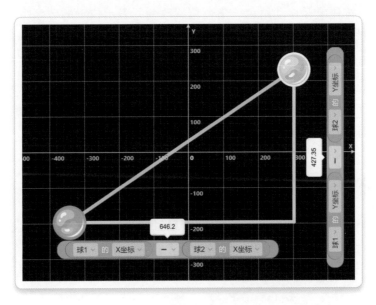

图　1-17

考点探秘

▶ 考题 1

以下不可以更改角色当前的坐标的方式是（　　　）。

A．在舞台中按住鼠标移动角色

B．在属性栏中更改角色的坐标值

C．为角色添加"移到 x（）y（）"积木

D．更改角色中心点位置

※ **核心考点**

考点 2：坐标设置

※ **思路分析**

本题结合 NCT 一级考点，考查坐标定位和坐标的设置，要求考生仔细读题，切实计算操作结果，选出正确答案。

※ **考题解答**

在舞台中按住鼠标移动角色，角色位置改变，表示位置的数字组——坐标自然改变，故 A 选项不符合题意。在属性栏中改变坐标值是最直接地改变角色当前坐标的方法，故 B 选项不符合题意。角色可能会覆盖很多个坐标位置，但是它的坐标位置即它的中心点所处的坐标，故 D 选项不符合题意。积木属于程序，只有拼接得当并且程序运行之后，它才有机会生效，题目考查的是"更改角色当前的坐标"，C 选项不可以立刻生效，符合题意。故选 C。

考题 2

运行图 1-18 所示的脚本，则新建对话框输出的是 _____。

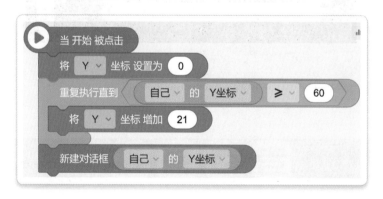

图　1-18

※ **核心考点**

考点 3：坐标计算

※ 思路分析

本题涉及坐标设置、坐标变更、重复执行、数值比较和"新建对话框（）"积木的应用，考查考生对以上内容的理解及对坐标运算的掌握程度。

※ 考题解答

程序运行后，角色 y 坐标为 0，此时不符合 $\geqslant$ 60 的要求，于是 y 增加 21，为 21。重复执行判断，又经过 2 次增加，y 坐标为 63，符合 $\geqslant$ 60 的要求，退出循环。此时新建对话框显示当前角色 y 坐标，即为 63。

※ 举一反三

已知舞台的宽度为 960，角色的宽度为 110。图 1-19 为该角色的积木脚本，中心点在角色正中央，请问新建对话框输出的内容是 _____。

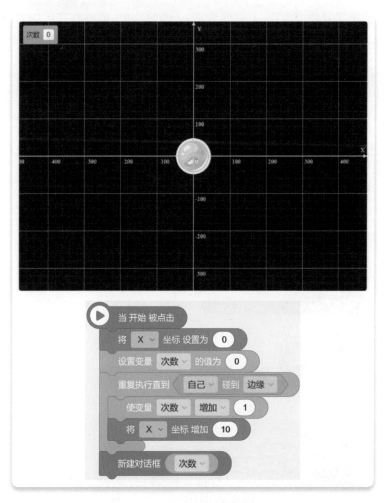

图　1-19

专题 1

▶ 考题 3

有一角色，坐标为 x：36，y：−30，它位于舞台（　　）。

A．第二象限　　　　　　　　B．第四象限

C．第六象限　　　　　　　　D．不属于任何象限

※ **核心考点**

考点 1：二维坐标系的基本概念

※ **思路分析**

本题考查二维坐标系的象限，要求根据坐标的正负情况判断角色位于哪一象限。

※ **考题解答**

二维坐标系共分四个象限，x 坐标为正，y 坐标为负，说明其在第四象限。故选 B。

1．角色运行下列脚本后，坐标不是（200，200）的选项是（　　）。

A.

当 开始 被点击
移到 x ⟨ 0 ⟩ y ⟨ 54 ⟩
重复执行 ⟨ 4 ⟩ 次
　将 ⟨ X ∨ ⟩ 坐标 增加 ⟨ 50 ⟩

B.

当 开始 被点击
将 ⟨ X ∨ ⟩ 坐标 设置为 ⟨ 200 ⟩
将 ⟨ Y ∨ ⟩ 坐标 设置为 ⟨ 自己 ∨ ⟩ 的 ⟨ X坐标 ∨ ⟩

C.

当 开始 被点击
移到 x ⟨ 0 ⟩ y ⟨ 0 ⟩
将 ⟨ X ∨ ⟩ 坐标 增加 ⟨ 200 ⟩
将 ⟨ Y ∨ ⟩ 坐标 增加 ⟨ 自己 ∨ ⟩ 的 ⟨ X坐标 ∨ ⟩

D.

当 开始 被点击
将 ⟨ X ∨ ⟩ 坐标 设置为 ⟨ 100 ⟩
将 ⟨ Y ∨ ⟩ 坐标 设置为 ⟨ 自己 ∨ ⟩ 的 ⟨ X坐标 ∨ ⟩
移到 x ⟨ 自己 ∨ ⟩ 的 ⟨ X坐标 ∨ ⟩ × ⟨ 2 ⟩ y ⟨ 自己 ∨ ⟩ 的 ⟨ Y坐标 ∨ ⟩ × ⟨ 2 ⟩

专题 1

2．运行图 1-20 所示脚本，则新建对话框输出的是 _____。（仅填写数字）

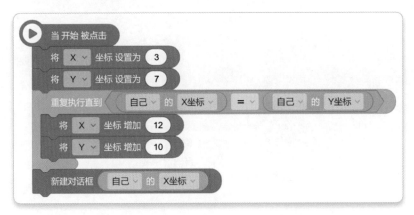

图　1-20

专
题
1

画板编辑器

当现有素材和网络素材都满足不了你的创作需要时，画板编辑器可以解决这个燃眉之急。就像交互设计师、原画师为程序设计画面一样，你也可以用画板编辑器为自己的程序创作画面和角色。本专题将带领大家学习画板编辑器的更多使用方式，理解图层的相关概念，掌握图层的相关应用技巧。

考查方向

⭐ 能力考评方向

⭐ 知识结构导图

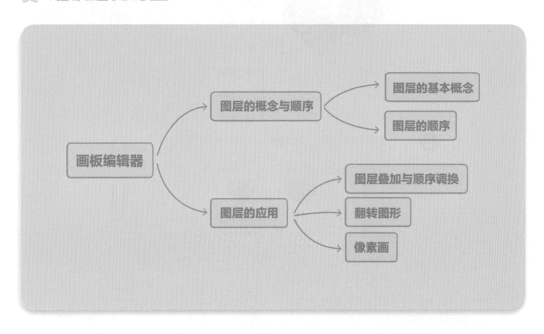

考点清单

考点 1　图层的概念与顺序

考点评估		考查要求
重要程度	★★★☆☆	1. 掌握图层的概念，知道可以通过图层的叠加组成图像；
难度	★☆☆☆☆	2. 了解图层的顺序，知道图层顺序会影响图像的构成
考查题型	选择题、填空题、操作题	

（一）图层的基本概念

在编辑器的舞台上，发现多个角色会前后错落地排列着，这就是"图层"导致的。我们可以将角色理解成多张叠在一起的纸张，排在后面的角色会在这堆纸张的上面。如图 2-1 所示，钻石在爱心上面。

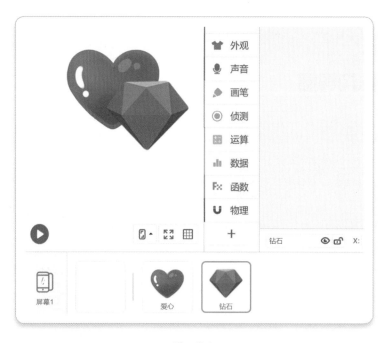

图　2-1

（二）图层的顺序

在画板编辑器里同样有"图层"。一般来说，先画的角色会在图层中下方，后画的角色在图层中上方。单击图层选项中的"+"按钮即可添加图层，如图 2-2 所示。

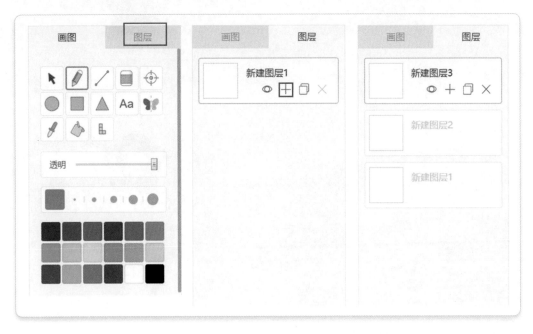

图　2-2

在画板中，通过多个图形叠加可以画出很多复杂的图案，如图 2-3 所示。

图　2-3

因为图层有上下之分，在图层上方的角色往往会遮盖下方角色的部分图案，就像图 2-4 中的花蕊，图层顺序会影响到最终的图案效果。

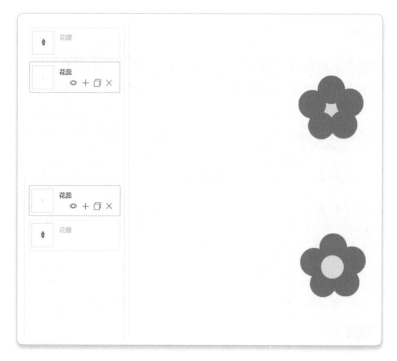

图　2-4

考点评估		考查要求
重要程度	★★★☆☆	1. 知道可以通过画板编辑器绘制像素画图形；
难度	★★☆☆☆	2. 能够使用多个图层绘制复杂图形； 3. 掌握调整图层顺序的方法；
考查题型	选择题、填空题、操作题	4. 掌握对图形进行翻转的方法

（一）图层叠加与顺序调换

图层叠加或图案叠加都可以绘制出复杂的图形。通过修改图案的上下顺序，从而改变图案的遮挡效果。如图 2-5 所示，通过鼠标选中图案，右击打开鼠标菜单，即可灵活选择修改图案的遮盖顺序。

（二）翻转图形

画板编辑器提供了"翻转"工具，选中的图案会根据画板中心点印制上下或左右的轴对称镜像，还能自选中心对称镜像的个数，如图 2-6 所示。

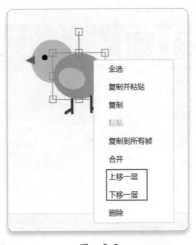

图　2-5　　　　　　　　　　　　　　　图　2-6

　　如图 2-7 所示，左边的图案被选中后，单击"左右翻转"按钮，就得到了右边的图案。"上下翻转"按钮与"中心多次翻转"按钮的使用方法与此类似。

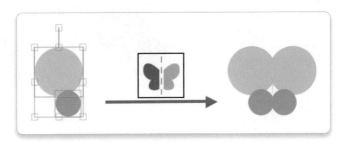

图　　2-7

（三）像素画

　　除了形状与线条的堆叠外，画板编辑器还提供了"像素画笔"功能。它将画面分割成多个小方格，让你能够用一个个色块进行创作，如图 2-8 所示。

像素画笔

图　　2-8

考点探秘

考题 1

画板编辑器中图层示意如图 2-9 所示，请问图画最可能是（　　）。

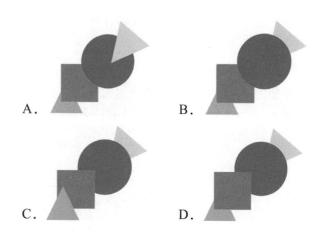

图　2-9

※ **核心考点**

考点 1：图层的概念与顺序

※ **思路分析**

本题考查对图层顺序的理解。

※ **考题解答**

由图 2-9 所示的图层上下顺序可知，图层从下到上是 1—2—3—4，即绿—蓝—红—黄，观察层叠遮盖关系可知，此题选 A。

考题 2

以下画板做不到的功能是（　　）。

A．绘制像素风格的图画

B．更改同一图层的图案层叠顺序

C．对图案进行中心对称翻转复制

D．一步绘制有描边的图案

※ 核心考点

考点 2：图层的应用

※ 思路分析

本题考查图层应用，需要考生掌握画板能够实现的功能。

※ 考题解答

　　利用画板中的"像素画笔"可以绘制像素风格的图画，A 选项不符合题意；同层图案右键上移或下移一层可更改层叠顺序，B 选项不符合题意；画板中的"翻转"工具具有中心对称翻转复制出指定个数图案的功能，C 选项不符合题意。画板目前只能绘制单一颜色的图形，描边图案有两种颜色，想要绘制需要两次叠加，D 选项符合题意。故选 D。

巩固练习

1．如图 2-10 所示，最上面的图层是（　　　）。

　　A．嘴巴　　　　　B．眼睛　　　　　C．翅膀　　　　　D．以上都有可能

2．如图 2-11 所示，使左边的图案变成右边图案的方法是在 ＿＿＿＿ 中翻转 ＿＿ 次。

图　2-10

图　2-11

专题
2

运 算 操 作

专题3

除了常用的四则运算、数值大小比较外，"运算"盒子中的积木还可以实现很多复杂的运算操作，如算术运算、关系运算、逻辑运算等。本专题将带领大家更深入地了解更多运算操作的相关知识。

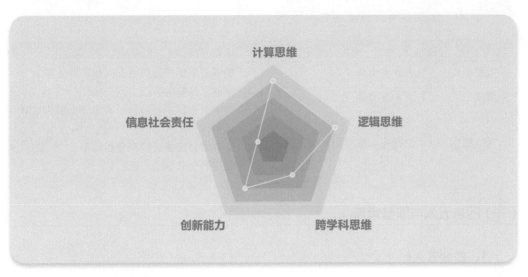

⭐ 能力考评方向

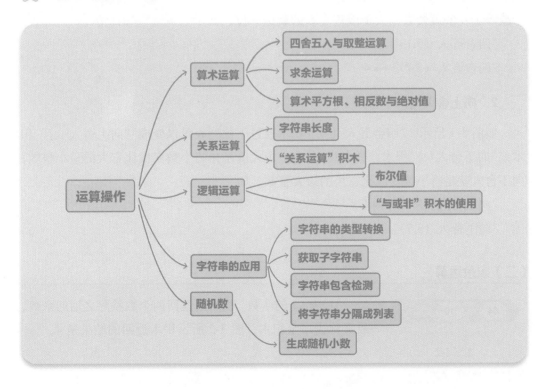

⭐ 知识结构导图

专题
3

33

考点1 算术运算

考点评估		考查要求
重要程度	★★★★☆	1．能够对数值进行四舍五入和取整运算；
难度	★★★☆☆	2．掌握求余数的方法； 3．掌握对数值进行取反、算术平方根和绝对值的操作；
考查题型	选择题、填空题、操作题	4．能够结合变量进行混合运算； 5．能够判断数值的特征

（一）四舍五入与取整运算

1．四舍五入

"运算"积木盒子中的"四舍五入（ ）"积木（见图 3-1），能够将小数以四舍五入的方式变成整数。小数位第一位小于或等于 4 的就舍去，大于或等于 5 的就进一位。如：

图　3-1

"四舍五入（3.1）"→ 3

"四舍五入（3.7）"→ 4

2．向上舍入与向下舍入

如图 3-1 所示，"四舍五入（ ）"积木通过下拉列表可以变成"向上舍入（ ）"积木或"向下舍入（ ）"积木。顾名思义，向上舍入就是指将小数变成比它大的最小整数，向下舍入就是将小数变成比它小的最大整数。如：

"向上舍入（3.1）"→ 4

"向下舍入（3.7）"→ 3

（二）求余运算

图　3-2

"（ ）÷（ ）的余数"积木会返回两个数整除之后的余数，故又称为求余积木。图 3-2 所示积木返回的结果是 4。

（三）算术平方根、相反数与绝对值

图　3-4

一个正数拥有两个平方根，其中正的就是它的"算术平方根"。例如，4 的算术平方根是 2，9 的算术平方根是 3。

"算术平方根（）"积木（见图 3-3）通过下拉列表也可以变成"－（）"积木，如图 3-4 所示。在数值前加上一个负号，即可改变数值符号，将数值变成它的相反数。例如，3 的相反数是 -3，-3 的相反数是 3。

同样，这个积木也可以变成"绝对值（）"积木（见图 3-5），返回数值的绝对值。例如，-6 的绝对值是 6，5 的绝对值就是 5，0 的绝对值是 0。可以发现，绝对值都是非负数。

图　3-5

考点 2　关系运算

考点评估		考查要求
重要程度	★★★★☆	1. 掌握字符串匹配的方法；
难度	★★☆☆☆	2. 能够使用关系运算表达式构建判断条件
考查题型	选择题、填空题、操作题	

（一）字符串长度

如图 3-6 所示，"（''）的长度"积木返回的是内容字符串的长度。例如，字符串"abc"的长度是 3，字符串"变量"的长度是 2。

（二）"关系运算"积木

"关系运算"积木即"（）=（）"积木（见图 3-7）不仅可以判断相等关系，

还可以判断不等于、小于、小于或等于、大于和大于或等于的关系，常作为判断条件存在于程序中。

图 3-6　　　　　　　　　　　　　　　　　图 3-7

● **备考锦囊**

　　除了字符串长度这种数值信息，字符串本身也可以使用"( ) = ( )"积木进行比较。

　　如图 3-8 所示，已知验证码为"xk@code"，当用户输入验证码后，系统将判断用户输入的信息是否与已知的变量"验证码"一致。若一致即条件成立，则发送广播，然后提示"验证码正确"；若不一致即条件不成立，则提示"验证码错误"。

图　3-8

考点 3 逻辑运算

	考点评估		考查要求
重要程度	★★★★★		1. 了解布尔值的概念；
难度	★★★☆☆		2. 掌握"逻辑运算"积木的返回值；
			3. 掌握"逻辑运算"积木的作用和使用方法；
考查题型	选择题、填空题、操作题		4. 掌握"且""或"和"不成立"积木条件成立的判断方法；
			5. 能够结合"关系运算"积木使用；
			6. 掌握"逻辑运算"积木的综合使用

（一）布尔值

1. 布尔值的概念

布尔值是一种特殊的数据类型，不同于整数、小数或字符串，布尔值只有 2 个值——"成立"和"不成立"（见图 3-9），即"真（true）"和"假（false）""1（非 0）"和"0"。

图 3-9

2. 布尔值作为返回值

实际上，这些可以作为判断条件的尖角积木（见图 3-10），返回的值都是布尔值，即"成立"或"不成立"。

图 3-10

> ● 备考锦囊
>
> 单击即可浮现返回值，在考试中常用于判断场景，判断程序中的条件是否成立。

（二）"与或非"积木的使用

逻辑运算有"与或非"三种，源码编辑器中与之对应的分别是"＜＞且＜＞"积木、"＜＞或＜＞"积木和"＜＞不成立"积木。其中，"＜＞或＜＞"积木由"＜＞且＜＞"积木下拉列表选择得到，如图 3-11 所示。

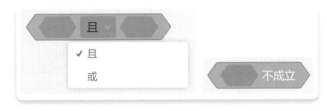

图　3-11

三种逻辑运算中不同的条件会返回不同的结果，具体情况分析如下（见表 3-1）。

● "＜＞且＜＞"积木：两个判断条件都成立，整个"且"判断才返回"成立"。

● "＜＞或＜＞"积木：两个判断条件只要有一个成立，整个"或"判断就返回"成立"。

● "＜＞不成立"积木：填入一个不成立的条件，整个积木返回值就是"成立"。

表　3-1

判断条件 1	逻辑运算	判断条件 2	返回结果
成立	且	成立	成立
成立		不成立	不成立
不成立		成立	不成立
不成立		不成立	不成立
成立	或	成立	成立
成立		不成立	成立
不成立		成立	成立
不成立		不成立	不成立
成立	不成立	—	不成立
不成立		—	成立

● 备考锦囊

速记方法："且"——都成立才成立，"或"——有成立就成立，"不成立"——颠倒黑白。

图 3-12 (a) 为角色"雷电猴"的脚本，三个角色在舞台区的位置如图 3-12 (b) 所示。分别运行三种条件，结合所学逻辑运算知识，分析角色"雷电猴"会出现三种不同的舞台效果，如图 3-12 (c) 所示。

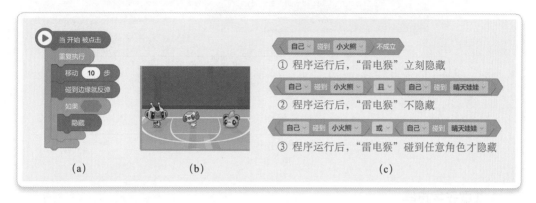

图　3-12

考点评估		考查要求
重要程度	★★★☆☆	1. 能够对字符串进行类型转换；
难度	★★☆☆☆	2. 掌握获取子字符串的方法；
		3. 能够进行字符串匹配，检测是否包含某个字符串；
考查题型	选择题、填空题、操作题	4. 能够将字符串分割成列表

（一）字符串的类型转换

使用"把( )转换为 [ ] 类型"积木(见图 3-13)可以进行数据类型的转换。例如，将字符串类型的数字转换成数字类型，或将任何字符串内容转换为布尔值。

图 3-14 所示为"球"的脚本，脚本中将"123"转换为"字符串"类型，此时"123"不可以与

图　3-13

数字"5"进行数学加法计算，而是以字符串的形式与数字"5"拼接在一起，输出"1235"。

图　3-14

（二）获取子字符串

"（' '）的第（ ）个字符串"积木可以获取字符串的特定位置的字符，生成一个新的字符串，也就是"子字符串"。单击右侧的"+"号可以选择不止一个字符，即可以选择一个区间的字符生成子字符串。

例如，图 3-15 所示的积木生成的子字符串是"a"，图 3-16 所示的上面的积木生成的子字符串是"ab"，而下面的积木生成的子字符串是"ba"。

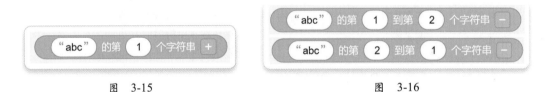

图　3-15　　　　　　　　　　　　　　　　　图　3-16

（三）字符串包含检测

图 3-17 中的积木可以检测是否包含指定字符串。例如,检测"abc"是否包含"b"字符串，返回值是"成立"。

（四）将字符串分隔成列表

通过图 3-18 所示积木，可以将一个字符串以特定字符为分界，分成一个个小字符串，让其组成一个列表。如果不指定分隔符即不填入"分隔字符"，那么积木会把字符串中每个字符都分开，然后分别存储到列表里。

图　3-17　　　　　　　　　　　　　　　　　图　3-18

考点 5　随机数

考点评估		考查要求
重要程度	★★★☆☆	1．掌握生成随机小数的方法；
难度	★★☆☆☆	2．能够结合变量进行计算；
		3．能够生成多个随机数，并进行复杂运算；
考查题型	选择题、填空题、操作题	4．能够结合坐标在程序中综合应用

生成随机小数

虽然"随机数"积木只能生成一个整数，但是结合运算积木，为生成的整数乘以一个小数（或除以一个整数），就可以生成随机的小数。如图 3-19 所示积木就会随机生成 0 ~ 0.5 的 1 位小数。

图　3-19

● **备考锦囊**

随机数的运用很灵活，限定随机数范围结合运算积木，可以制作出各种随机规则，如 0 ~ 1 随机小数、1 ~ 100 随机偶数等。

专题 3

考点探秘

> **考题 Ⅰ**

如图 3-20 所示，角色"数字"有 10 个造型。运行脚本，若变量"分数"的值是 65，则角色应该切换到编号为（　　　）的造型。

图 3-20

A. 5   B. 6   C. 7   D. 8

※ 核心考点

考点 1：算术运算

※ 思路分析

本题考查对一个变量和求余积木、运算积木的组合，只要分步求取即可算出结果。先理解变量的值，算出余数，再加 1。

※ 考题解答

将 65 代入"分数"运算可得余数是 5，5+1=6。故选 B。

▶ 考题 2

阿短在数学课上学习了加减法的混合运算，他借助源码编辑器制作了一个数学算式程序。运行图 3-21 所示脚本，则新建对话框输出的值最大是 _____。

图 3-21

※ 核心考点

考点 5：随机数

※ **思路分析**

　　本题考查对随机数的理解和基础运算的运用。在理解运算式的基础上，了解随机数可能的取值范围。新建对话框中的算式为 X+Y−Z，要想让所得结果最大，则 X 和 Y 要尽可能大，Z 要尽可能小。

※ **考题解答**

　　根据随机数的选择范围，X 最大为 8，Y 最大为 10，Z 最小为 2。故最大值为 8+10−2=16。

※ **举一反三**

　　如图 3-22 所示，不可能是这个积木的返回值的是（　　　）。

图　3-22

A. 0.06　　　　　　B. 1.00　　　　　　C. 0.38　　　　　　D. 0.57

考题 3

　　圆周率(Pi)是圆的周长与直径的比值。使用图 3-23 所示脚本对 Pi 的值进行处理，新建对话框输出的是（　　　）。

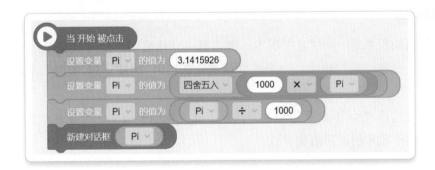

图　3-23

A. 3.141　　　　　　B. 3.142　　　　　　C. 3000　　　　　　D. 3

※ **核心考点**

　　考点 1：算术运算

※ **思路分析**

本题考查算术运算中的乘除法运算和四舍五入运算。需要考生根据脚本分析运算顺序再进行相应的运算。

※ **考题解答**

变量 Pi 被赋值了 3 次，以最后一次为准。第二次赋值，Pi = 3141.5926，四舍五入为 3142；第三次赋值，Pi=3142÷1000=3.142。故选 B。

考题 4

图 3-24 所示积木的返回值是 _____。

图　3-24

※ **核心考点**

考点 3：逻辑运算

※ **思路分析**

本题考查逻辑运算中的"或"运算和"且"运算。考生需要先对基础的判断条件进行运算，再根据"或"和"且"的运算规律进行整体运算即可。

※ **考题解答**

最外面的积木是一个"且"积木，两边都成立就成立，否则不成立。

（1）左边是"或"积木，一个成立就成立，"（9）能被（3）整除"成立，"或"积木成立。

（2）右边是"<> 不成立"积木，内容不成立则结果成立，可见右边成立。两边都成立，整个积木的返回值为"成立"。

巩固练习

1. 图 3-25 所示积木的新建对话框输出的最大值是（　　）。

    A．5　　　　　　　B．3　　　　　　　C．1　　　　　　　D．0

图　3-25

2．图 3-26 所示积木的返回值是 _____。

图　3-26

3．图 3-27 中不符合图 3-28 中积木的要求的球是（　　）。

A．A　　　　　　　　B．B　　　　　　　　C．C　　　　　　　　D．D

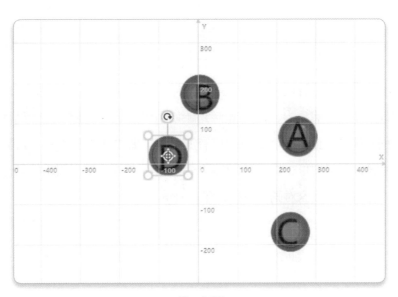

图　3-27

图　3-28

专题4

画　　笔

除了画板，源码编辑器还提供了丰富的画笔功能，可以结合自己的数学知识和想象力，设计出能绘制绚丽图案的程序脚本。在图形化编程一级中，画笔的功能我们已有所了解，能够使用基本的"画笔"积木设计几何图形。在图形化编程二级中，画笔会有更多展示的舞台。本专题将带领大家对画笔进行更深入的学习。

考查方向

★ 能力考评方向

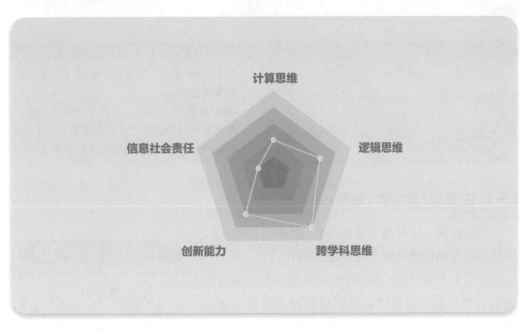

★ 知识结构导图

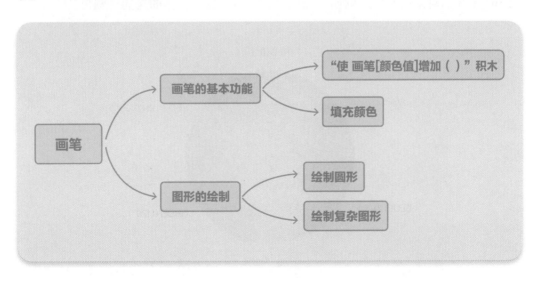

考点清单

考点 1   画笔的基本功能

考点评估		考查要求
重要程度	★★★☆☆	1. 掌握"使 画笔 [颜色值] 增加 ()"积木的使用方法；
难度	★★☆☆☆	2. 掌握"设置 填充 颜色 []"积木的使用方法，能够对绘制的图形进行颜色填充；
考查题型	选择题、填空题、操作题	3. 能够通过调整 RGB 的值设置画笔颜色

（一）"使 画笔 [颜色值] 增加 ()"积木

"使 画笔 [颜色值] 增加 ()"积木（见图 4-1）可依照某种顺序或规律改变画笔的颜色。

色盘上拥有一个"角度值"（见图 4-2），画笔的颜色值增加时，画笔颜色会以顺时针方向在色盘上

改变；反之，以逆时针方向在色盘上改变。颜色值的大小与颜色在色盘上的角度大小相对应。这代表着颜色的取值范围是 0 ～ 359，如果超出了这个范围，只能通过增减 360 来找到对应的颜色。例如，颜色值 360 与颜色值 0 指的是同一颜色。

图 4-1

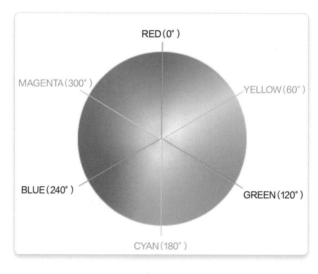

图　4-2

图 4-3 所示脚本可以让铅笔角色绘制出彩色的线条，其色彩变换遵循色盘（见图 4-2）中的顺时针方向。

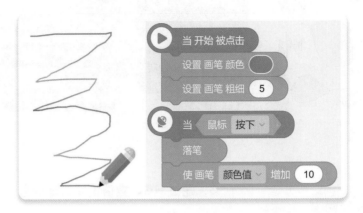

图　4-3

（二）填充颜色

1. 设置填充颜色

画笔不仅可以绘制出只有线条的图案，还可以为它们填充颜色。使用图 4-4 所示积木可设置填充颜色，如果不设置，默认填充颜色为画笔的颜色。

2. 设置填充起点与终点

仅设置填充颜色无法让画笔画出的图案成功填充颜色，还需要使用图 4-5 所示积木设置填充的起点和终点。

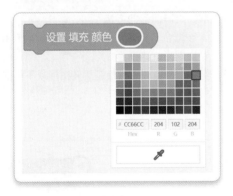

图　4-4

图　4-5

如图 4-6 所示，该脚本可以让铅笔角色绘制出各种填充绿色的图案。如果图案没有封闭，则会在起点和终点之间连接一条看不见的线段作为填充的边缘。

图　4-6

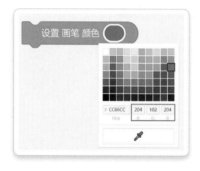

图　4-7

3．通过 RGB 数值设置画笔颜色

在源码编辑器中，还可以通过设置 RGB 数值来设定颜色。如图 4-7 所示，通过单击颜色框中的 RGB 数值来设置颜色。其中，R、G、B 分别代表着三原色红、绿、蓝在颜色中所占的比重，每个颜色的数值范围是 0 ～ 255。例如，纯红色的 RGB 数值是 (255, 0, 0)。

考点 2　图形的绘制

考 点 评 估		考 查 要 求
重要程度	★★★★☆	1．掌握绘制圆形的方法；
难度	★★☆☆☆	2．能够结合"算术运算"积木、"旋转"积木等绘制不规则图形；
考查题型	选择题、填空题、操作题	3．能够结合循环结构绘制旋转图形或平移图形

（一）绘制圆形

通过程序，可以让画笔自动绘制出各种正多边形，如正方形、五角星等。同样，也可以利用程序绘制一个圆形——当边长特别小、边数特别多时，图案看起来就是一个圆形。需要注意的是，重复的次数与旋转角度相乘正好是 360 度或是它的倍数，这样才能构成闭合图形，如图 4-8 所示。

图　4-8

（二）绘制复杂图形

将基础图形组合起来，就可以绘制出不同的复杂图形。

1．简单的拼接

如图 4-9 所示，将圆与不同角度的线条组合起来，就可以绘制一个简笔画的小人。

注：图中为方便阅读，将积木拆开，实际运行时需将三组积木从左至右依次拼接起来才可得到左侧小人。

图　4-9

2．旋转绘制

对一个图形进行旋转绘制也可以画出复杂图案，图 4-10 所示为由两个拼接的弧形通过旋转形成的六瓣花图案。

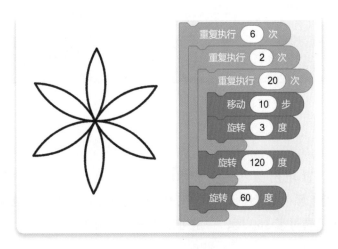

图　4-10

51

3．平移变换

除了旋转，平移也可以绘制出不同的图案，如棋盘图、圆点阵、随机分布的星星等。图 4-11 所示为使用平移结合变量制作的透视图案。

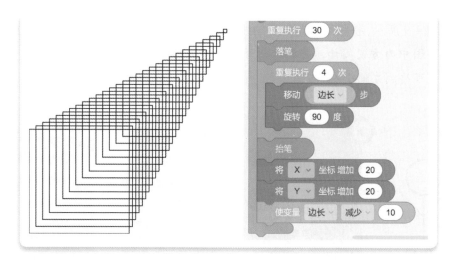

图　4-11

● **备考锦囊**

绘制复杂图案可以使用两种方法，一是将想要绘制的图案拆解成不同部分，找出其中的基础图形，分别实现；二是没有明确的目标图案，选择一个基础图形，对该图形进行平移或旋转等不同变换，从而得到新的图案。

考点探秘

考题 1

以下说法正确的是（　　）。

A．使用"设置 填充 颜色（）"积木即可为已经画好的图案填充颜色

B．"使 画笔 [颜色值] 增加（）"积木的作用是让比较浅的颜色变成深色

C．只要画笔转过了 360 度，一定可以画出一个封闭图案

D．以上都不对

※ 核心考点

考点 2：图形的绘制

※ 思路分析

本题考查画笔的基本功能与图形绘制的知识，充分了解画笔相关积木的功能、熟练运用画笔画图有助于解答本题。

※ 考题解答

设置填充颜色要在画图之前，A 选项错误；颜色值增加积木的作用是使画笔颜色根据色盘按顺时针的顺序变化，B 选项错误；只有每次前进相同步长，才可以画出封闭图案，步长不同不一定封闭，C 选项错误。故选 D。

▶ 考题 2

图 4-12 所示积木运行的结果是（　　　）。

图　4-12

　　　　C.　　D.

※ 核心考点

考点 2：图形的绘制

※ **思路分析**

本题考查初始方向、画笔功能与对积木的综合理解等知识。

※ **考题解答**

单击"开始"按钮后，设置角色面向 0 度，朝右。第一笔向右画，剩下部分每次旋转 90 度，整体应该是一个方形，故选 B。

巩固练习

1．图 4-13 所示积木运行的结果是（　　　）。

图　4-13

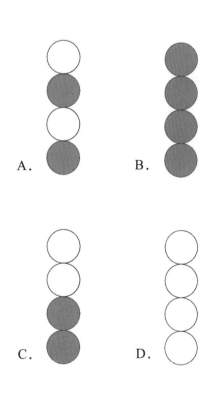

A.　　　　　　B.

C.　　　　　　D.

2. 图 4-14 所示积木的运行结果如图 4-14（b）所示，那么旋转积木中应该填入的数值是 _____。（填入 0 ~ 180 的数值）

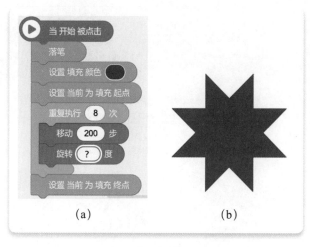

（a）　　　　　　　　　（b）

图　4-14

专题5

事 件

　　"事件"是源码编辑器中的第一个积木盒子，事件类积木也是程序中最不可或缺的积木。每一个程序都必定有"事件"积木的参与。"事件"盒子中可以控制的"屏幕"为程序添光加彩，让程序变得更加复杂多变。

考查方向

★ 能力考评方向

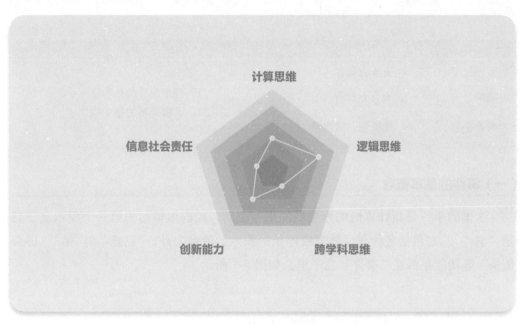

★ 知识结构导图

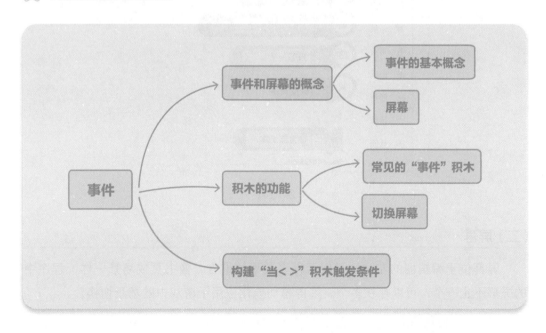

考点清单

考点 1 事件和屏幕的概念

考点评估		考查要求
重要程度	★★☆☆☆	1．理解事件的基本概念；
难度	★☆☆☆☆	2．了解屏幕的基本概念
考查题型	选择题、填空题	

（一）事件的基本概念

这里的事件是指计算机编程领域的事件驱动。源码编辑器的第一个积木盒子就是"事件"，它包括各种程序触发或停止的积木。除此之外，"克隆""广播""屏幕切换"等功能也都在"事件"盒子里。如图 5-1 所示。

图 5-1

（二）屏幕

屏幕位于编辑器的左边，是展示程序效果的地方。像书页或场景一样，程序中的屏幕不止一个，可以存在多个。多屏幕功能常应用于游戏中的场景切换。

如图 5-2 所示，单击"屏幕 1"按钮展开屏幕，再单击 + 按钮即可增加屏幕，每个屏幕可以拥有不同的角色、背景。

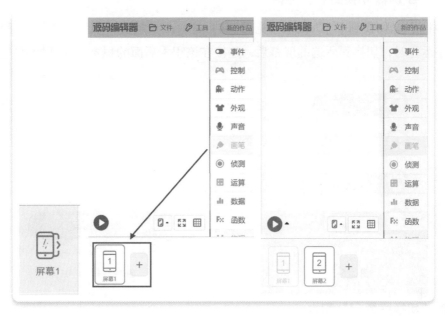

图　5-2

考点评估		考查要求
重要程度	★★☆☆☆	1. 掌握常见"事件"积木的使用方法，并能够在程序中综合运用；
难度	★★☆☆☆	2. 掌握"当 屏幕 切换到 [ ]"和"切换屏幕 [ ]"积木的使用方法，能够实现各屏幕间的切换；
考查题型	选择题、填空题、操作题	3. 掌握"设置 屏幕切换特效为 [][]"积木的使用方法，能够合理设置屏幕切换时的特效

（一）常见的"事件"积木

在"事件"积木中，"当 开始 被点击""当 角色 被 [ ]""当 [ ] [ ]"和"当 < >"四个积木使用频率较高，如图 5-3 所示。在图形化一级中已经对这四个积木进行了详细的讲解，在此不再赘述。

（二）切换屏幕

1.“当 屏幕 切换到 [ ]”积木

"当 屏幕 切换到 [ ]"积木（见图5-4）是一个"触发"积木，如同字面意思，当程序运行时，切换到所选的屏幕后，连接在该积木后面的积木才会开始工作。

图　5-3　　　　　　　　　　　　　　　　图　5-4

2.“切换屏幕 [ ]”积木

如图5-5所示，有两块积木都可以用来切换屏幕。其中左边的积木可以切换到指定名称的屏幕，右边的积木可以切换到相应编号的屏幕。

图　5-5

3.“设置 屏幕切换特效为 [ ][ ]”积木

使用"设置 屏幕切换特效为 [ ][ ]"积木可以设置屏幕切换时的特效。如图5-6所示，可以选择屏幕以不同方向、不同动画的效果消失或出现。

图　5-6

专题5

考点 3　构建"当〈〉"积木触发条件

考点评估		考查要求
重要程度	★★★☆☆	构建"当〈〉"积木的复杂触发条件
难度	★★☆☆☆	
考查题型	选择题、填空题、操作题	

图　5-7

在图形化一级中,"当〈〉"积木(见图 5-7)已经出现过,而在图形化二级中,对该积木的运用有了更高的要求,将在其中填入更多、更复杂的触发条件,如由"且"和"或"组成的多重条件等。

● 备考锦囊

谨记积木的作用:该积木内填充条件"成立"时,其下方积木才会被运行。

考点探秘

▶ 考题 1

如图 5-8 所示,程序拥有两个屏幕,在屏幕 1 中添加角色"雷电猴",以下说法正确的是(　　)。

A．屏幕 2 中也会出现一个角色"雷电猴"

B．因为添加角色时已有屏幕 2,所以屏幕 2 中不会出现角色,此时添加屏幕 3,它会拥有这个角色

C．无论如何屏幕 2 中都不会复现屏幕 1 中的角色

D．以上说法都不对

图　5-8

※ 核心考点

考点 1:事件和屏幕的概念

※ **思路分析**

本题考查屏幕与角色的对应关系，每个屏幕都会有自己的背景和角色，不存在映射或继承角色。

※ **考题解答**

屏幕 1 添加角色与屏幕 2 无关，不会凭空复制角色，A 选项错误；新建的屏幕是空屏幕，不会拥有已有屏幕的角色，B 选项错误；各个屏幕是独立的，C 选项正确。故选 C。

考题 2

角色"雷电猴"拥有的积木如图 5-9 所示，当程序运行时，它的动作是（ ）。

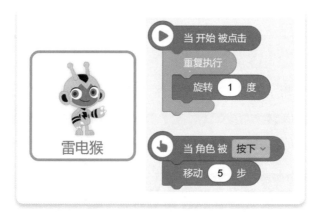

图 5-9

A．无论如何一直原地旋转

B．当角色被按下时一边移动一边旋转

C．当角色被按下时停止旋转只向前移动

D．无论何时都向前移动并旋转画圆

※ **核心考点**

考点 2：积木的功能

※ **思路分析**

角色拥有两个触发积木："当 开始 被点击"和"当 角色 被 [ ]"积木。前者只要程序开始就会被触发，角色被按下时，它同时前进、右转。

※ **考题解答**

角色在程序运行后会不停地旋转，但是被按下后会朝着当时方向前进 5 步，不会一直在原地，A 选项错误；角色被按下时会移动也会旋转，B 选项正确，C 选项错误；角色只有被按下才会向前移动，D 选项错误。故选 B。

> ## 考题 3

角色脚本如图 5-10 所示，那么该角色何时隐藏？（　　）

图 5-10

A．碰到"雷电猴"时

B．碰到任意边缘时

C．满足选项 A 和选项 B 都可以

D．同时满足选项 A 和选项 B 才可以

※ **核心考点**

考点 3：构建"当＜＞"积木触发条件

※ **思路分析**

"当＜＞"积木内填入的条件为"成立"时，后面的积木才会被执行。后面是"且"积木，只有填入的内容都成立，整体才会成立。

※ **考题解答**

碰到"雷电猴"但是没碰到边缘时该角色不会隐藏，A 选项错误；碰到边缘没碰到"雷电猴"时该角色也不会隐藏，B 选项错误；只有同时碰到"雷电猴"和边缘才会隐藏，C 选项错误，D 选项正确。故选 D。

巩固练习

1. 角色脚本如图 5-11 所示，按住按键 "a" 会出现的情况是（　　）。

图　5-11

    A．角色移动 10 步停下

    B．角色移动 10 次停下

    C．角色不停移动 10 步直到放开按键

    D．以上都不对

2. 切换屏幕的积木有 _____ 种。（仅填写数字）

专题 5

专题6

广　播

　　广播作为一种角色之间互通消息的方式，在图形化编程中被广泛应用。无论是角色间的配合动作还是使用者与角色的互动过程，都可以使用广播来实现。在图形化编程一级中，已经初步了解了广播的用法。图形化编程二级将对广播相关知识的掌握提出更深层次的要求。

考查方向

★ 能力考评方向

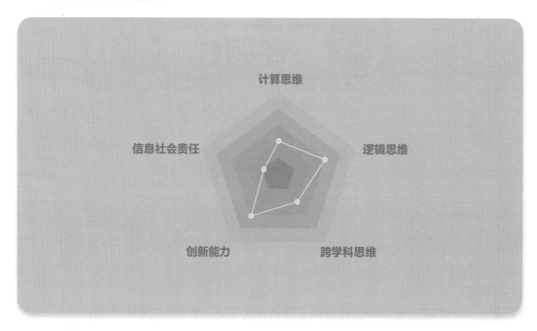

★ 知识结构导图

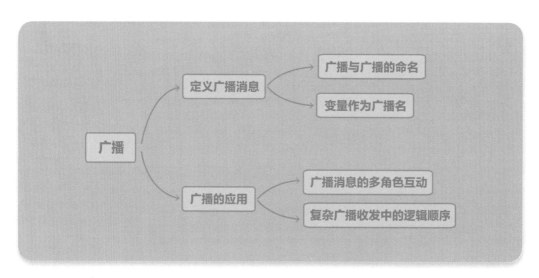

考点清单

考点 1 定义广播消息

考点评估		考查要求
重要程度	★★★☆☆	1. 理解广播的基本概念；
难度	★★☆☆☆	2. 能够合理命名广播消息；
考查题型	选择题、填空题、操作题	3. 掌握使用变量作为广播名的方法

（一）广播与广播的命名

在图形化编辑器中，"广播"是一种程序内所有非克隆角色都能"收到"的消息。和广播有关的积木有3个，如图 6-1 所示。

图 6-1

其中，"发送广播（）"与"发送广播（）并等待"积木的差别在于前者发送后直接执行下方积木脚本，后者会等待所有收到广播需要执行的脚本执行完毕，才会让程序继续执行它下方的积木脚本，如图6-2所示。

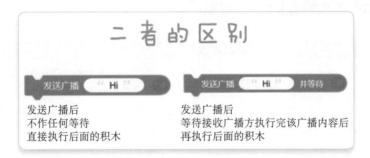

图 6-2

● 备考锦囊

广播的命名需要"见名则知其意"，也就是看到广播的名字就知道这个广播的作用是什么。

（二）变量作为广播名

除了直接书写广播的名称外，变量也可以作为广播的名称，如图 6-3 所示。变量与广播积木的结合，可以使广播更方便、更灵活地传达不同的消息。

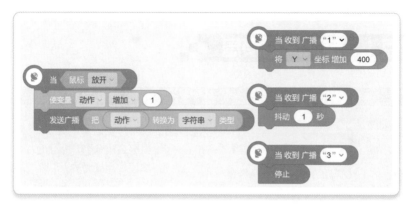

图　6-3

● 备考锦囊

值得注意的是，广播名称必须是一个"字符串"。如果变量是其他数据类型（比如整数类型），那么该变量在作为广播名称的时候，就需要先转换成字符串类型。

考点 2　广播的应用

考点评估		考查要求
重要程度	★★★★☆	1. 掌握广播消息的处理机制，能够利用广播模块实现多角色间的互动；
难度	★★★☆☆	2. 能够理解自发自收、一对多、多对一、多对多广播的逻辑顺序；
考查题型	选择题、填空题、操作题	3. 能够在程序中综合应用

（一）广播消息的多角色互动

广播的使用方法很灵活，既可以一对多发送，也可以多对一发送，还可以自发自收。图 6-4 中实现了多对一的广播发送，而角色"妙音龙"会根据两种广播执行不同的脚本效果。

（二）复杂广播收发中的逻辑顺序

一个角色在同一时间可以收到不同的广播，可以来自同一角色，也可以来自不同角色。例如，图 6-4 中，两个角色同时发出不同广播，"妙音龙"收到广播后会向左上方移动。

图 6-4

需要注意的是，如果一个角色同时收到多个同名广播，它只会执行一次收到广播后的操作。如图 6-5 所示，"妙音龙"同时收到两个"向上 100"广播，但只会执行一次向上 100 的脚本效果。

图 6-5

考点探秘

考题 1

图 6-6 是四个角色及其脚本。运行这些脚本后的舞台效果是（　　）。

A．所有角色说"Hi"

B．"蓝雀"和"涂鸦狐"一起说"Hi"

C．"蓝雀"先说"Hi"，1秒后"涂鸦狐"说"Hi"

D．"涂鸦狐"先说"Hi"，1秒后"蓝雀"说"Hi"

图 6-6

※ **核心考点**

考点 2：广播的应用

※ **思路分析**

本题考查广播的应用、两个发送广播积木的区别。只要仔细审题，明白两个广播积木的应用方法，问题就迎刃而解了。

※ **考题解答**

"发送广播（ ）"积木只负责发送广播，发送完广播就可以继续执行下一步的积木，而"发送广播（ ）并等待"积木会等收到广播后执行的脚本执行完毕才开始下一步。也就是说，"蓝雀"发完广播会直接出现对话，而"涂鸦狐"发送广播后要等"木叶龙"的1秒等待结束后才会出现对话。故选 C。

考题 2

图 6-7 是某角色的全部脚本，程序运行后，这个角色的动作是（   ）。

A．同时移动 10 步并旋转 30 度

B．移动 10 步然后旋转 30 度

C．移动 10 步然后停顿 1 秒，再旋转 30 度

D．重复移动旋转停顿的动作

图　6-7

※　**核心考点**

考点 2：广播的应用

※　**思路分析**

本题考查两个广播积木的区别。只要仔细审题，分清自发自收的顺序逻辑，即可解答出正确答案。

※　**考题解答**

首先发出的广播是"移动"，角色收到该广播后先移动 10 步再发送广播"旋转"，收到"旋转"广播后角色旋转 30 度、等待 1 秒并发送广播"移动"。两个广播所在积木块组相互发送收到广播，这就形成了一个"移动—旋转—等待"的循环。推论出角色处于广播循环状态后，即可排除非循环的选项。故选 D。

※　**举一反三**

角色脚本如图 6-8 所示，该角色在程序执行后的动作是 _____。

图　6-8

> ## 考题 3

关于广播，以下说法不正确的是（　　）。

A．程序内所有非克隆角色都可以收到广播

B．克隆体无法接收广播

C．广播不能发送给别的屏幕的角色

D．广播可以以变量命名

※ **核心考点**

考点 1：定义广播消息

※ **思路分析**

本题考查对广播相关概念知识的掌握程度，仔细审题并用排除法即可选出正确答案。

※ **考题解答**

克隆体无法拥有"当 收到 广播（）"积木，故无法收到广播，其他角色包括背景角色均可以，选项 A、选项 B 正确；变量可以作为广播名，选项 D 正确；整个程序的角色都可以收到某一个广播，不受屏幕的阻隔，选项 C 错误。故选 C。

巩固练习

1．请在以下选项中选择一个最合适的作为图 6-9 所示广播 A 的新名字（　　）。

A．变大　　　　B．移动

C．变小　　　　D．强调

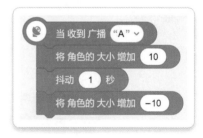

2．广播的命名数据类型是 _____，所以在使用变量作为广播命名时需要注意的是 _____。

图　6-9

专题7

变　　量

在图形化编程一级中，已经了解过"变量"的概念，知道它是一种可以存储数据的"容器"，一种方便人们操作数据用的"标签"。然而变量的使用远远没有那么简单，它还涉及作用域、运算等概念和操作。熟练掌握这些概念和操作，才能游刃有余地使用变量。

考查方向

★ 能力考评方向

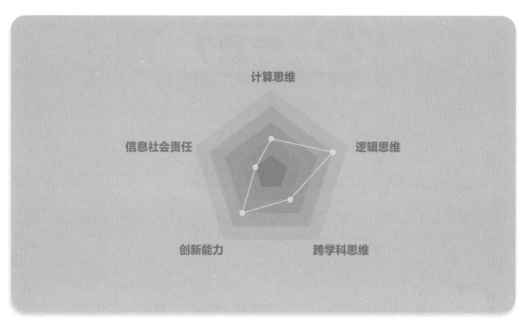

★ 知识结构导图

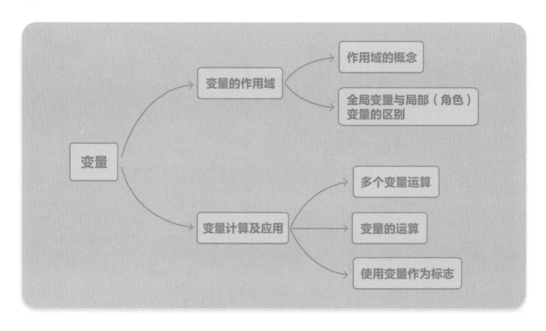

考点 1 变量的作用域

考点评估		考查要求
重要程度	★★★☆☆	1. 理解作用域的概念；
难度	★☆☆☆☆	2. 知道全局变量与局部变量的区别
考查题型	选择题、填空题	

(一)作用域的概念

"作用域"是指变量可以被有效引用的区域。变量的作用域决定了在哪一部分程序可以访问哪个特定的变量名称，根据作用域的不同，变量可以分为全局变量和局部（角色）变量。如图 7-1 所示。

(二)全局变量与局部（角色）变量的区别

全局变量与局部（角色）变量最大的区别在于引用范围不同，如图 7-2 所示。全局变量作用于整个程序，局部（角色）变量只作用于一个角色。

图 7-1

图 7-2

75

新建一个变量为"颜色",该变量的值可以改变角色显示的颜色。如果该变量为全局变量,则所有角色的颜色值变化都相同(见图7-3(a))。任意一个角色改变变量值,则其他角色的颜色也都会跟着同样变化。

若该变量为角色变量,则每个角色可以设置单独的颜色,调整任意一位角色的颜色并不会对其他角色的颜色产生影响(见图7-3(b))。

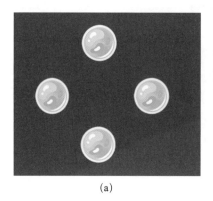
(a)
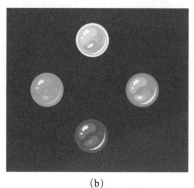
(b)

图　7-3

考点 2　变量计算及应用

考点评估		考查要求
重要程度	★★★☆☆	1. 能够操作、处理多个变量之间的运算;
难度	★★☆☆☆	2. 能够实现变量的自增、自减、自乘、自除运算;
考查题型	选择题、填空题、操作题	3. 能够使用变量作为标志,使程序执行不同的脚本

(一)多个变量运算

我们常将变量比喻成一个"容器","容器"里面装着特定类型的数据。但将数据放在变量这个"容器"里并不是最终目的,将这些变量进行运算、组合,为程序服务,才能发挥变量的价值。BMI 指数程序示例如图 7-4 所示。

(二)变量的运算

自增、自减、自乘、自除运算常用于循环语句对一个变量值进行不断地改变,以完成特定的操作。

图 7-4

1. 变量的自增与自减

自增是指一个变量在原有值的基础上再增加指定值，自减是指一个变量在原有值的基础上再减去指定值。常见的变量自增与自减方式如图 7-5 所示。

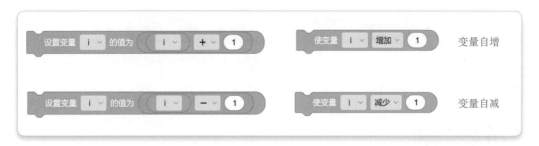

图 7-5

2. 变量自乘

自乘是指一个变量在原有值的基础上再乘以指定值，如图 7-6 所示。通过变量的自乘运算，可以求出指定正整数的次方，如图 7-7 所示。

图 7-6

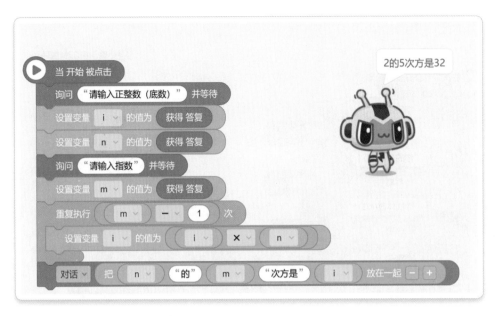

图　7-7

3．变量自除

自除是指一个变量在原有值的基础上再除以指定值，如图 7-8 所示。通过变量的自除运算，可以做出求指数的程序，如图 7-9 所示。

图　7-8

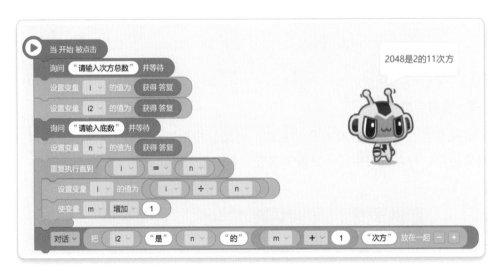

图　7-9

（三）使用变量作为标志

我们常会在多个事件中使用变量作为标志，即立一个 flag。例如，如图 7-10 所示，当事件 A 正在执行时，flag = 1；当事件 A 没有执行时，flag = 0；此时检测 flag，如果 flag = 1，说明事件 A 正在执行，事件 B 就不执行；反之，如果 flag = 0，说明事件 A 没有执行，事件 B 就执行。

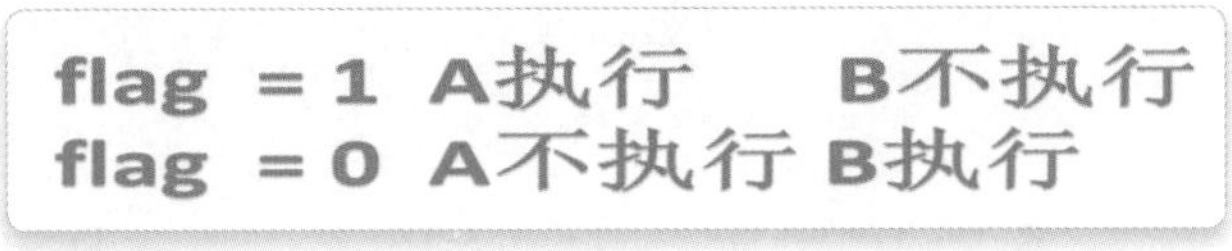

flag = 1 A执行   B不执行
flag = 0 A不执行 B执行

图　7-10

在游戏设计中，使用变量作为标志的情况很常见。如图 7-11 所示的经典游戏中，就设置变量"出钩"作为标志变量，用于判断钩子是出钩还是非出钩的状态。同学们可以在编辑器的示例程序中打开此案例，研究该游戏中标志变量的具体效果。

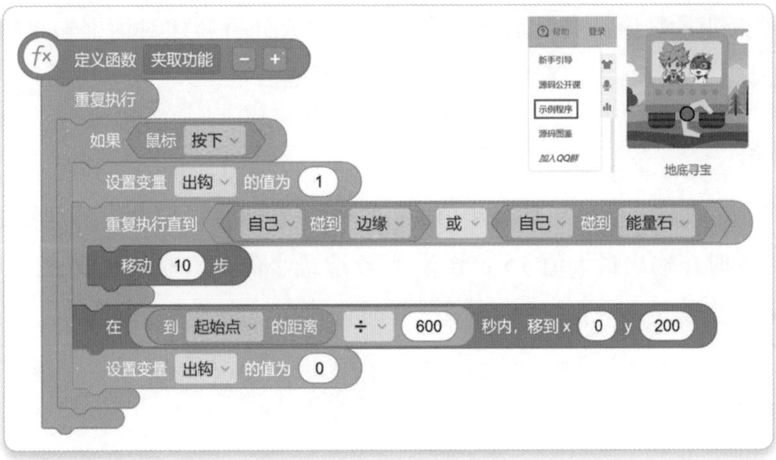

图　7-11

考点探秘

▶ 考题 I

阿短在数学课上学习了加减法的混合运算，他借助源码编辑器制作了一个"（X－Y）＋Z"类的数学算式程序，如图 7-12 所示。运行下列脚本，得到的最小值和最大值分别为（　　）。

图　7-12

A. 0,15　　　　　　B. 5,10　　　　　　C. 5,15　　　　　　D. 0,10

※ **核心考点**

考点 2：变量计算及应用

※ **思路分析**

本题考查变量赋值、变量运算以及随机数。要分析新建对话框输出的最小值和最大值，首先需要明确 X、Y 和 Z 分别需要取何值。

※ **考题解答**

当 X 和 Z 取最大值，Y 取最小值时，X－Y+Z 运算得最大值，也就是 X = 10，Y = 0，Z = 5 时，输出最大值 15；当 X 和 Z 取最小值，Y 取最大值时，X－Y+Z 运算得最小值，也就是 X = 5，Y = 5，Z = 0 时，输出最小值 0。故选 A。

▶ 考题 2

角色在舞台上做加速运动，其脚本如图 7-13 所示。则该角色最终的 X 坐标是 ____。

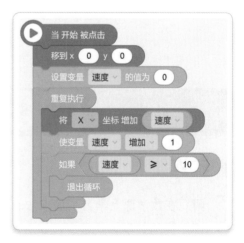

图　7-13

※ **核心考点**

考点 2：变量计算及应用

※ **思路分析**

本题涉及变量运算、程序结构（顺序与循环结构）、条件判断的应用，考查考生对以上内容的理解及对逻辑运算掌握的熟练程度。

※ 考题解答

首先，从条件判断中可以知道，当速度≥10时，退出循环程序，因此"重复执行"积木内执行了10次。其次，可以算出变量速度的数值从0增至10，而X坐标的数值则是0+1+2+3+4+5+6+7+8+9=45。由于变量自增积木在坐标增加积木之后，当速度的数值为10时，程序结束。故该角色最终的X坐标是45。

巩 固 练 习

1. 田野中，"兔子"要设法逃脱"狗"的追捕。运行"兔子"的脚本（见图7-14），"兔子"正确的逃跑路线是（　　）。

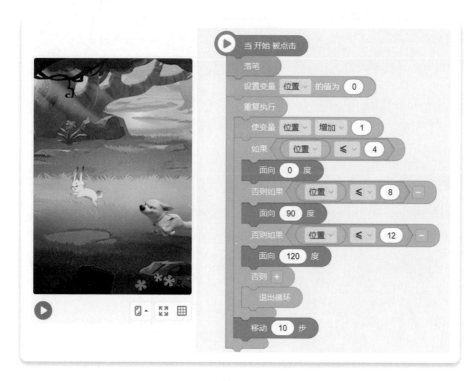

图 7-14

A.　　　　B.　　　　C.　　　　D.

2．阿短在数学课上学习了加减法的混合运算，他借助源码编辑器制作了一个数学算式程序。运行图 7-15 所示的脚本，则新建对话框输出的值最大是 _____。

图　7-15

专题8

列　表

变量一次只能存储一个值，若想要存储很多个值，可以使用列表。列表不仅可以按顺序存储很多数据，还可以方便地查找、提取，并对相关的数据进行计算。列表可以让程序中的数据变得井井有条，让程序操作处理更方便、更高效。

考查方向

⭐ 能力考评方向

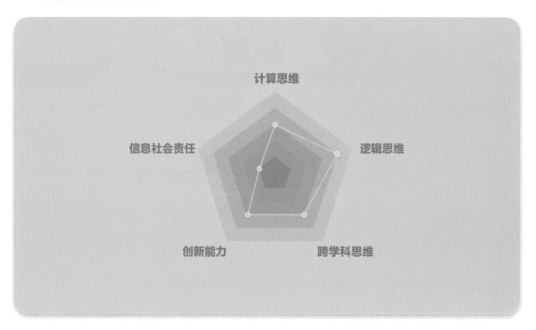

⭐ 知识结构导图

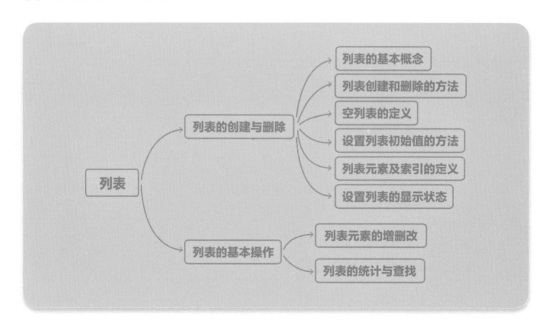

考点清单

 考点 1　列表的创建与删除

考 点 评 估		考 查 要 求
重要程度	★★★☆☆	1．知道列表的基本概念；
难度	★☆☆☆☆	2．掌握列表创建和删除的方法； 3．知道空列表定义； 4．掌握手动设置列表初始值的方法；
考查题型	选择题、填空题	5．知道列表元素及索引的定义； 6．能够手动设置或使用积木设置列表的显示 状态

（一）列表的基本概念

列表是一种由数据项构成的有限序列，即按照一定的线性顺序排列而成的数据项的集合。变量可以存储单一的值，但是如果要存储一系列的值，单个的变量就会显得力不从心。列表是可以一次性存放很多变量的一个"容器"，它就像有许多格的柜子一样，如图 8-1 所示。例如，你想存储很多朋友的电话号码，或存储一个月天气的温度值，使用列表会更加便捷。

图　8-1

（二）列表创建和删除的方法

1．列表的创建方法

列表的创建方法与创建变量的方法相似,在菜单数据栏中单击"新建列表"选项,填写完列表名后,在舞台区会看到一个新生成的空列表（新建列表默认为显示状态），如图 8-2 所示。

2．列表的删除方法

列表的删除方法较为简单，打开菜单数据栏，鼠标移至要删除的指定列表，将出现三个图标，单击删除图标即可删除该列表，如图8-3所示。

图 8-2　　　　　　　　　　　　　　　　　图 8-3

（三）空列表的定义

列表是一个"容器"，"容器"内存储着先后顺序的元素，空列表代表这个"容器"为空，没有任何元素。如图8-4所示，虽然右侧列表中看似没有什么数据，但该列表并非空列表，因为每一项的"0"和" "（空格）都是这个"容器"中存储的元素。

（四）设置列表初始值的方法

打开菜单数据栏，鼠标移至指定列表选择中间图标，在项数一栏中添加想要的数量，并在下方栏目中添加想要的元素，即可完成该列表初始值的设置。如图8-5所示。

图 8-4　　　　　　　　　　　　　　　　　图 8-5

（五）列表元素及索引的定义

1．列表元素

元素是组成列表的每个对象。换言之，列表由元素组成，组成列表的每个对象被称为组成该列表的元素。如图 8-6 所示，列表"电话本"中的"小短的电话""小可的电话""小茶的电话""绿豆的电话"都是这个列表中的元素。

图　8-6

2．列表索引

如图 8-6 所示，列表中的每个元素都有自己对应的序号，这代表元素在列表中的位置，也称为索引值。利用索引值可以在列表中抓取自己想要的元素。如图 8-7 所示，利用索引值即可调取列表中"小短的电话"。

图　8-7

（六）设置列表的显示状态

有两种方法可以设置列表的显示状态，方法一是通过"[显示 / 隐藏][列表名]"积木进行设置，当程序运行后即可显示或隐藏指定列表；方法二是通过菜单栏设置指定列表的初始状态，通过方法二设置的列表无论程序是否运行，都会保持默认状态。如图 8-8 所示。

图 8-8

考点 2 列表的基本操作

考点 2.1 列表元素的增删改

考点评估		考查要求
重要程度	★★★★★	掌握对列表的指定位置添加、修改或删除元素的方法
难度	★★★★☆	
考查题型	选择题、填空题、操作题	

列表的指定位置添加、修改或删除元素

1．列表的指定位置添加元素

使用"插入（）到 [列表名] 的第（）项"积木可以将指定的元素内容放入指定的位置。如果该积木中插入元素的指定位置是一样的，那么程序会以最后插入该位置的元素为准，其他元素会依次往后排列，如图 8-9 所示。

2．对列表的指定位置修改元素

使用"替换 [列表名] 第（）项为（）"积木可以对指定列表的指定位置的元素进行修改，如图 8-10 所示。

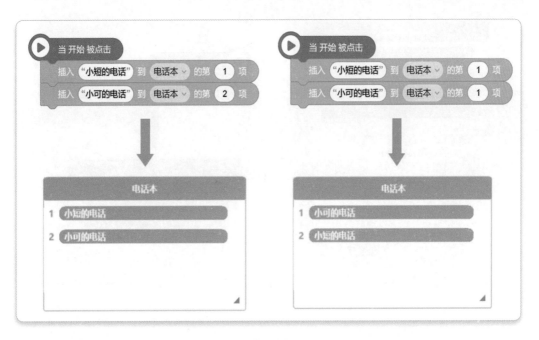

图　8-9

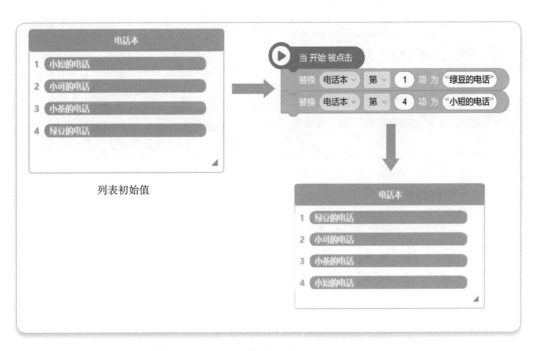

图　8-10

3．对列表的指定位置删除元素

使用"删除 [列表名] 第（　）项"积木可以对指定列表的指定位置的元素进行删除，如图 8-11 所示。

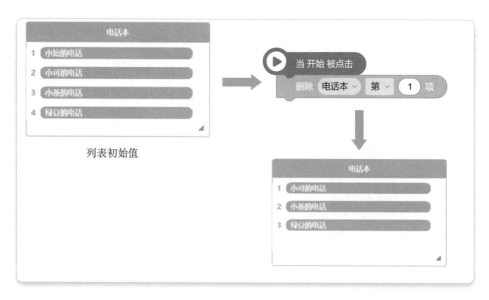

图　8-11

考点 2.2　列表的统计与查找

	考点评估	考查要求
重要程度	★★★★★	1. 能够统计列表的长度；
难度	★★★★☆	2. 掌握检测列表中是否包含指定元素的方法；
考查题型	选择题、填空题、操作题	3. 能够查找列表中指定项的元素； 4. 能够获取列表中特定元素首次出现的位置； 5. 能够结合循环结构进行列表元素的遍历操作

（一）统计列表的长度

使用"[列表名] 的长度"积木可以统计指定列表的长度。如图 8-12 所示，通过"对话"积木让角色"雷电猴"显示当前列表"电话本"的长度为 4，说明该列表中包含 4 个元素（列表参考图 8-6）。

图　8-12

（二）检测列表中是否包含指定元素的方法

使用"[列表名]中包含（）"积木可以检测指定列表中是否包含指定元素。如图 8-13 所示，在该脚本中，通过逻辑结构进行判断，就可以获取列表电话本中是否包含"小短的电话"，如果有，则显示对话"找到电话"；反之，则显示对话"查无此人"。

（三）查找列表中指定项的元素

使用"[列表名]第（）项"或"[列表名][最后一项]"积木可以查询指定列表中的指定项的元素，如图 8-14 所示。

图　8-13　　　　　　　　　　　　　　图　8-14

（四）获取列表特定元素首次出现的位置

使用"[列表名]中第一个（）的位置"积木可以获取指定列表中特定元素首次出现的位置。如图 8-15 所示，角色会以对话形式显示出列表"电话本"中第一个"小短的电话"的位置（列表元素参考图 8-6）。

图　8-15

（五）结合循环结构，进行列表元素的遍历操作

使用列表时，经常需要搜索整个列表去查找想要的数据。此时，可以结合循环结构，利用列表的长度和索引值对列表元素进行遍历操作。如图 8-16 所示，正向遍

历是从列表的第 1 项元素开始显示，利用变量自增的方式循环显示至最后一项元素；而反向遍历则与之相反。

图　8-16

考点探秘

考题 Ⅰ

图 8-17 所示脚本可用于统计运行时间。运行脚本，一段时间后单击角色，显示列表"时间"的值，则脚本运行的时长是 _____ 秒。

注：仅填写数字，勿填写空格、换行或其他字符。

图　8-17

※ **核心考点**

考点 2：列表的基本操作

※ **思路分析**

本题涉及列表的基本操作与时钟的计算，考查考生对添加列表指定位置元素的理解与掌握程度。

※ **考题解答**

当程序启动时，列表"时间"只有两个元素。根据脚本与列表的添加规律，可知列表第一项的数值为当前分钟（即数值 22），列表第二项为当前秒（即数值 30），即程序于 22 分 30 秒启动。

当单击角色后，列表"时间"增加至 4 个元素，根据脚本与列表的添加规律，可推出最新时间为 23 分 10 秒。因此，可算出脚本运行时长为 40 秒。故答案为 40。

▶ 考题 2

在程序中，有时需要按照一定的格式输入数据，然后对其进行处理。运行图 8-18 所示脚本，输入：小可 -9- 三年级 ，则新建对话框输出的是（　　）。

图 8-18

A．小可　　　　　　B．9　　　　　　C．三年级　　　　　　D．-

※ **核心考点**

考点 2：列表的基本操作

※ **思路分析**

本题涉及字符串、列表的操作与应用，主要考查考生对以上内容的理解与掌握程度。

※ **考题解答**

仔细阅读题干可知，输入"小可 -9- 三年级"字符串。它们被字符串积木按照"-"分开成列表，即索引 1：小可；索引 2：9；索引 3：三年级。由此可推导出，新建对话框出现的列表"数据"第三项为"三年级"。故选 C。

巩固练习

1．如图 8-19 所示，列表"水果"的初始值为"香蕉""苹果""葡萄"。运行脚本，则新建对话框输出的内容是（　　　）。

图　8-19

A．葡萄　　　　　　　B．苹果　　　　C．香蕉　　　　　　D．菠萝

2．运行图 8-20 所示的脚本，则新建对话框输出的是（　　　）。

A．澳门　　　　　　　B．香港　　　　C．中国香港　　　　D．中国澳门

3．图 8-21 中列表"数列"初始为空列表。运行脚本，则新建对话框输出的内容是_____。

图　8-20

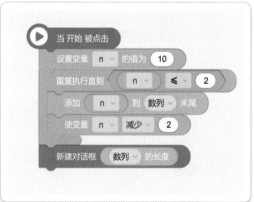

图　8-21

专题9

函　数

　　当学会的知识越来越多时，能实现的程序功能也会越来越复杂，程序的阅读和使用就会非常烦琐。这时，我们可以根据各个板块的功能，用一些方法把它们分割成不同的函数。函数在程序中可以被反复地使用，使程序变得更加简洁、高效。本专题，我们将一起学习函数的相关知识。

专题
9

考查方向

★ 能力考评方向

★ 知识结构导图

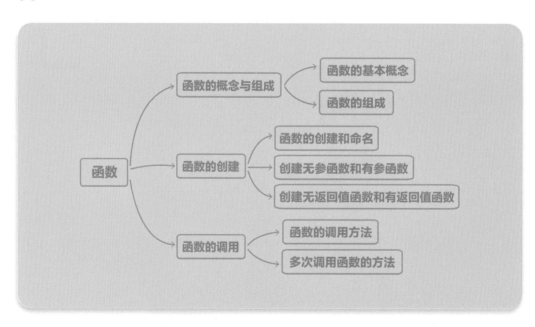

考点清单

考点 1 函数的概念与组成

考点评估		考查要求
重要程度	★★☆☆☆	1. 理解函数的基本概念；
难度	★☆☆☆☆	2. 掌握函数的组成
考查题型	选择题、填空题	

（一）函数的基本概念

计算机中的函数是指一段可以直接被引用的程序或代码。在程序设计中，将一些功能模块编写成函数，通过对函数的调用，可以减少程序的重复编写。

（二）函数的组成

函数由函数名、形式参数与函数体组成，如图 9-1 所示。函数名对函数体功能进行描述，规则与变量、列表类似；形式参数是函数的自变量，用来接收调用该函数时传入的参数；函数体是完成该函数功能的程序积木。

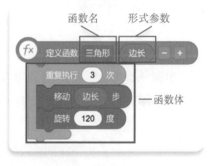

图 9-1

考点 2 函数的创建

考点评估		考查要求
重要程度	★★★★☆	1. 了解创建函数的方法，掌握函数的命名规则，合理设置函数名；
难度	★★★★☆	2. 能够创建有参函数和无参函数；
考查题型	选择题、填空题、操作题	3. 能够创建有返回值函数和无返回值函数

（一）函数的创建和命名

从函数模块中拖取"定义函数 [ ]"积木即可创建函数。如图 9-2 所示，单击"函数"积木中"函数 1"，可重新为该函数命名。建议根据这个函数的实际功能进行命名，比如"求和""绘制花朵"等。

图 9-2

（二）创建无参函数和有参函数

在创建一个新的函数时，编辑器会默认是无参函数，如图 9-3 所示。单击"定义函数 [ ]"积木右边的"+"按钮可以为函数增加"参数"，如图 9-4 所示。

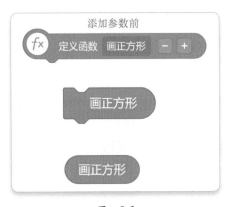

图 9-3

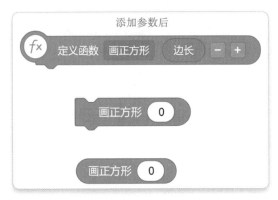

图 9-4

如图 9-5 所示，有参函数可以通过参数更灵活地切换三角形的边长，在程序中画出大小不一的三角形，而无参函数则相对局限一些,只能画出固定大小的正三角形。

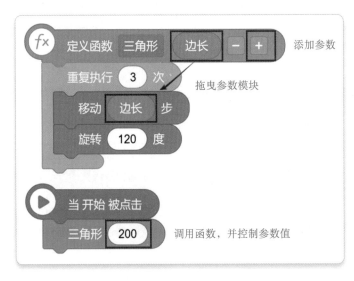

图 9-5

（三）创建无返回值函数和有返回值函数

函数的返回值默认是带参数的，如图 9-6 所示。如果单击积木的"－"按钮，就会变为无参数返回积木，如图 9-7 所示，该返回积木的作用是让程序退出该函数调用。

图　9-6　　　　　　　　　　　　　　图　9-7

有返回值的函数，其返回的值可以用于程序的输出和调用。如图 9-8 所示，程序调用了函数"和"，并通过函数的返回值输出了两个变量相加的结果。

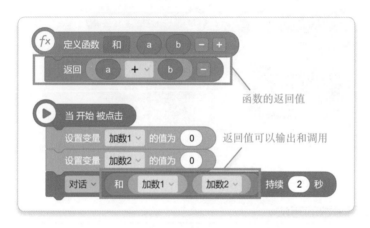

图　9-8

考点 3　函数的调用

考点评估		考查要求
重要程度	★★★★☆	1. 了解函数调用的方法，能够在程序中正确运用；
难度	★★★☆☆	
考查题型	选择题、填空题、操作题	2. 能够调用多个函数或多次调用一个函数

（一）函数的调用方法

定义好函数后，在程序其他部分中使用该函数，这就是函数调用。在源码编辑器中，一个函数被定义之后，"函数"积木盒子就会出现相应的积木块，只要在需要的地方拼接使用这个积木块，即可调用函数，其作用和直接拼接函数内的积木是一样的，优势是减少重复工作、提高效率，如图 9-9 所示。

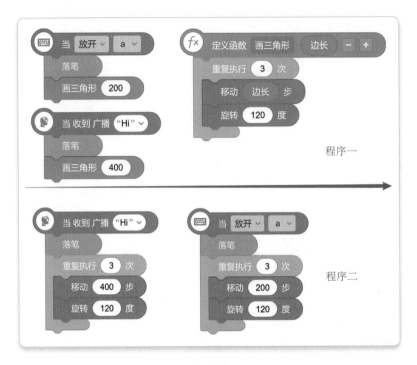

图　9-9

（二）多次调用函数的方法

同一个函数可以被多次调用，每个函数积木被执行，都会调用一次这个函数。如图 9-10 所示，程序绘制了 3 个三角形。

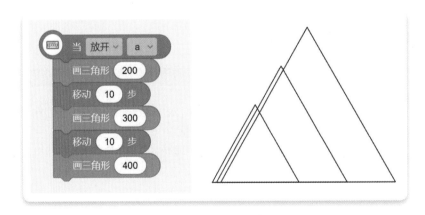

图　9-10

考点探秘

考题 1

图 9-11（a）是由多个正方形组合绘制的图形,绘制该图形的脚本如图 9-11（b）所示,则脚本中"?"处最小应填写的是（　　）。

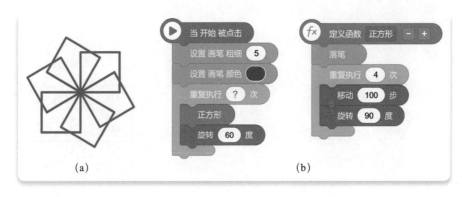

（a）　　　　　　　　　　　　（b）

图　9-11

A. 4　　　　　　　　B. 5　　　　　　　　C. 6　　　　　　　　D. 7

※ **核心考点**

考点 3：函数的调用

※ **思路分析**

本题从题目要求来看是要补充程序来绘制图形,该图形是由一个多边形复制而成的复杂图形。

※ **考题解答**

题目已经定义了不带参数的函数画正方形,可看出此图形是由一个正方形旋转得出,而图中出现 6 个正方形,因此需要执行 6 次。故选 C。

考题 2

图 9-12 所示脚本绘制的图形是（　　）。

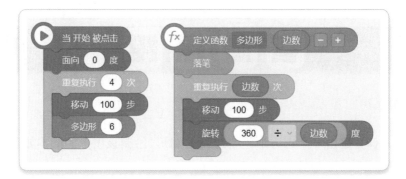

图 9-12

A.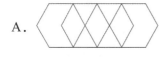

B.

C.

D.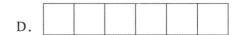

※ **核心考点**

考点 2：函数的创建

※ **思路分析**

本题用积木创建了一个带参函数，指定多边形边数绘制正多边形。结合画笔判断角色运动轨迹即可得出结论。

※ **考题解答**

程序为函数传递的参数为 6，也就是绘制正六边形，排除选项 C 和选项 D。函数中多边形边长确定为 100，每次绘制完，图形角色远离原起始点 100，故选 A。

巩固练习

1. 图 9-13 所示的脚本可以绘制出右边的图案，则脚本中的"？"处最小可填写_____。

图   9-13

2．以下说法正确的是（   ）。

　　A．在源码编辑器中创建函数需要在右边数据栏中进行操作

　　B．函数可以有参数也可以没有参数

　　C．函数一定有返回值

　　D．在一段程序中，每个函数只能被调用一次

专题10

计 时 器

计算机内置了计时器，它不仅可以用于显示时间，还可以截取计算程序运行的时间。源码编辑器中的计时器同样有显示时间和计时的功能，在各类与时间有关的程序中，都可以看到它的身影。

考查方向

★ 能力考评方向

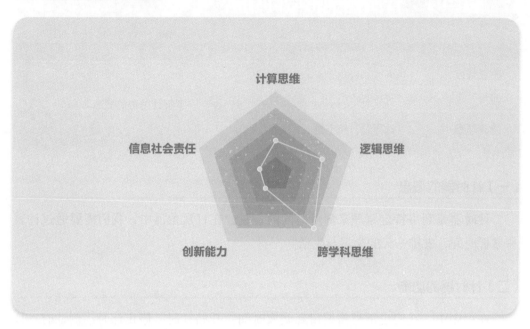

★ 知识结构导图

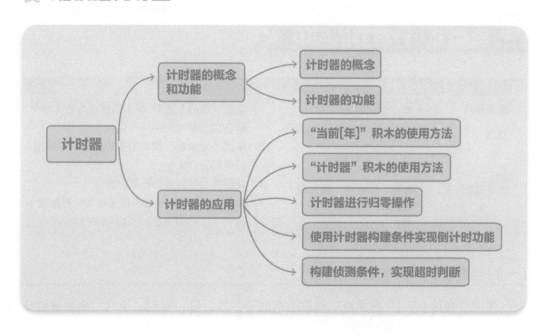

考点清单

考点 1 计时器的概念和功能

考点评估		考查要求
重要程度	★☆☆☆☆	
难度	★☆☆☆☆	了解计时器的概念
考查题型	选择题、填空题	

（一）计时器的概念

计时器是利用特定原理来测量时间的装置。在日常生活中，我们需要通过钟表来掌握时间，安排一天的学习与生活。

（二）计时器的功能

在程序中，我们也常常需要用到调取时间、开始计时、停止计时、倒计时、计时清零等功能。

考点 2 计时器的应用

考点评估		考查要求
重要程度	★★☆☆☆	1. 掌握"当前 [年]"积木的使用方法，能够获取当前时间；
难度	★★☆☆☆	2. 掌握"计时器"积木的使用方法，能够进行时间统计；
考查题型	选择题、填空题、操作题	3. 能够将计时器进行归零操作； 4. 能够使用计时器构建条件实现倒计时功能； 5. 能够构建侦测条件，实现超时判断

（一）"当前 [年]"积木的使用方法

使用"当前 [年]"积木可以调取当前的年、月、日、星期、小时、分钟或秒任一单位下的时间，如图 10-1 所示。

图 10-1

"当前 [年]"积木与对话类型积木、字符串积木结合使用可让角色显示当前时间；"当前 [年]"积木结合循环类型积木可让角色持续显示最新时间；"当前 [年]"积木结合变量与列表类型积木可存储当前时间。如图 10-2 所示。

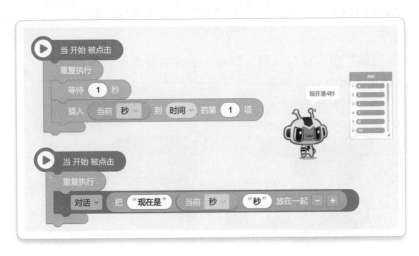

图 10-2

（二）"计时器"积木的使用方法

"计时器"积木（见图 10-3）的功能与生活中的计时器类似，可以精确到毫秒（也就是 0.001 秒）。

图 10-3

"计时器"积木同样可以与对话类型积木、字符串积木以及循环积木结合，让角色持续显示最新计时状态。如图 10-4 所示，"计时器"积木可以结合条件判断、变量与列表类型等积木制作多功能计时器。

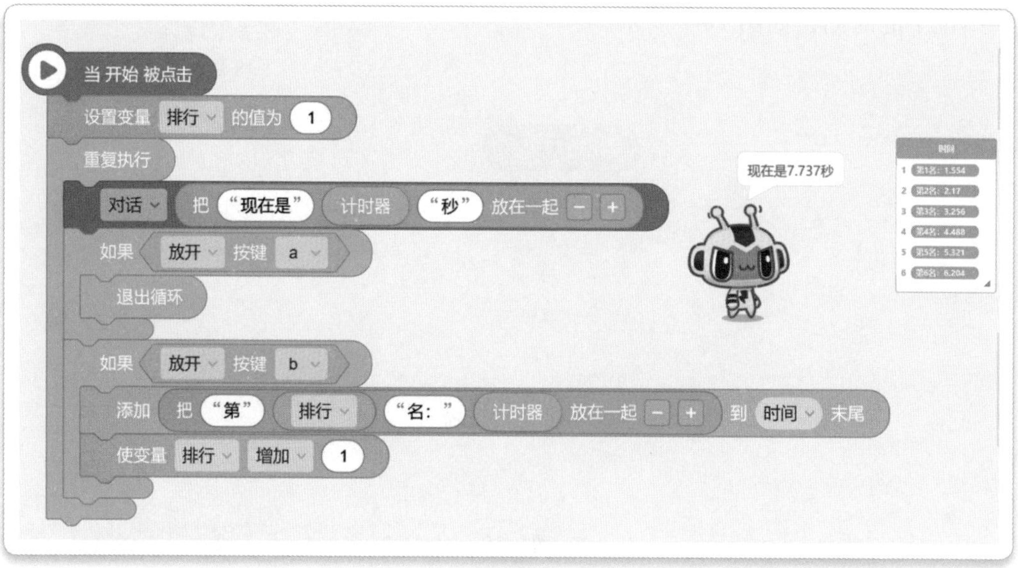

图 10-4

（三）计时器进行归零操作

使用"计时器归零"积木可让程序中运行的计时器清空，如图 10-5 所示。

"计时器归零"积木可与侦测、事件、条件判断类型积木结合使用，具体用法如图 10-6 所示。

图 10-5

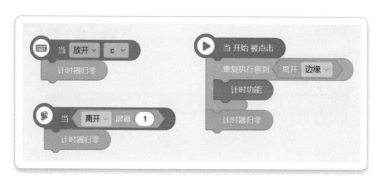

图 10-6

（四）使用计时器构建条件实现倒计时功能

如图 10-7 所示，这两个程序都使用计时器构建判断条件实现了倒计时功能。其中有两点需要注意，第一点是"计时器"积木与"等待（）秒"积木存在时间误差，需要使用"计时器归零"积木；第二点是"计时器"积木可以精确到 0.001 秒（也就是毫秒），需要使用"向下舍入"积木取整。

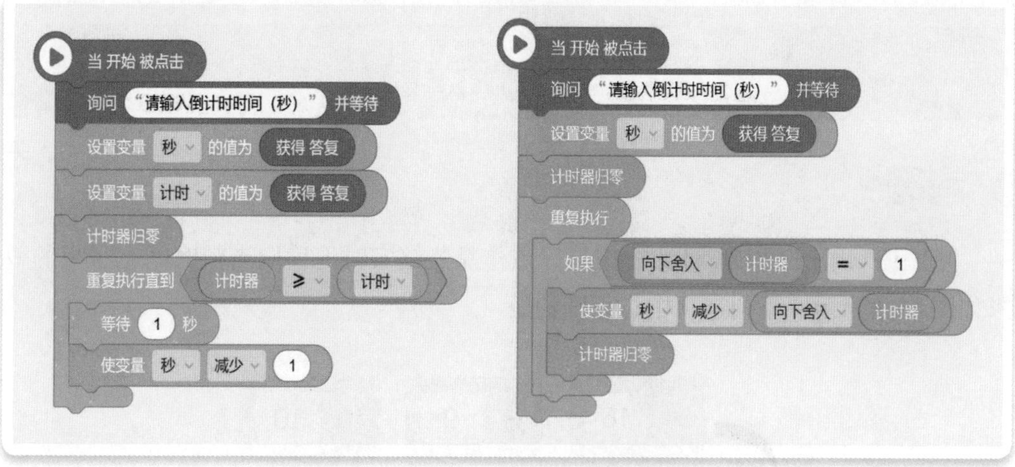

图　10-7

（五）构建侦测条件，实现超时判断

在实现倒计时功能的基础上，可使用关系运算构建侦测条件，如图 10-8 所示。当输入的"计时"小于等于"计时器"时，即代表倒计时为零或超时。通过超时判断此时程序运行分支结构内的条件，由角色持续输出具体超时时间的对话内容。

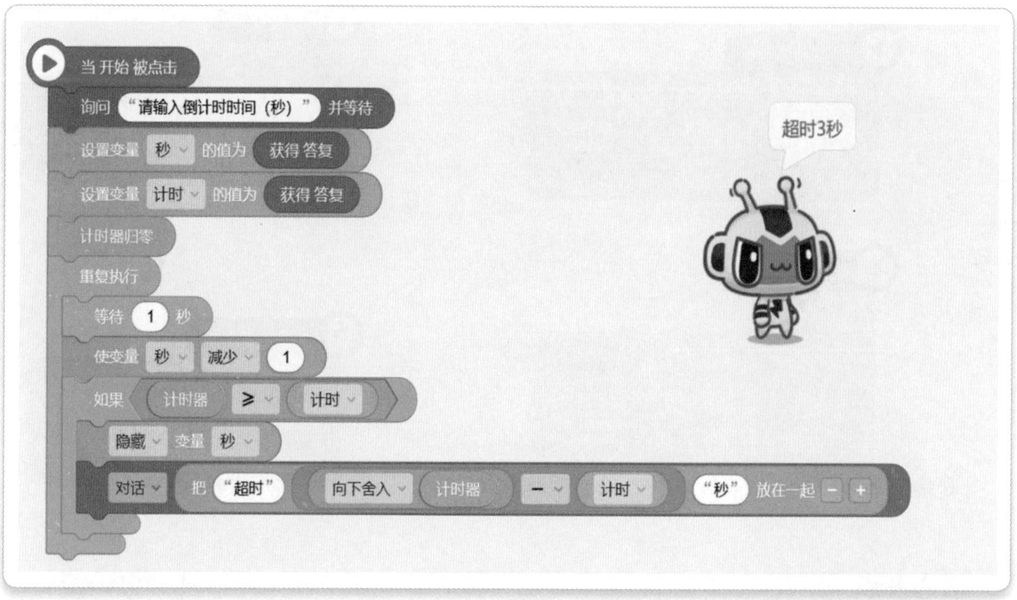

图　10-8

考点探秘

> ## 考题

阿短编写了一个电子时钟的作品。该作品能够实时地读取当前时间，呈现的效果如图 10-9 所示。下列选项中，正确的是（　　）。

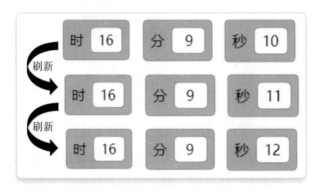

图　10-9

※ **核心考点**

考点 2：计时器的应用

※ **思路分析**

本题主要考查考生对计时器类型积木的理解，认真审题即可获得答案。

※ 考题解答

计时器以微秒为单位，且计数周期不以 60 为一个周期，排除选项 C 和选项 D。选项 A 和选项 B 中的积木图片的差别在于有无循环积木，由题干可知，阿短的作品是"实时"读取当前数据，所以选项 B 更符合题意。故选 B。

巩固练习

图 10-10 所示脚本可用于统计运行时间。运行脚本，一段时间后单击角色，显示列表"时间"的值，则脚本运行的时长是 ＿＿＿＿＿＿ 秒。

图　10-10

专题11

克　隆

　　与生物克隆不同,源码编辑器中的"克隆"可以说是"有名无实",克隆出来的角色不会在角色栏出现,也不会拥有本体的任何积木,只能作为空壳存在于运行中。但它们可以不受本体干扰,拥有自己的积木和程序。

考查方向

⭐ 能力考评方向

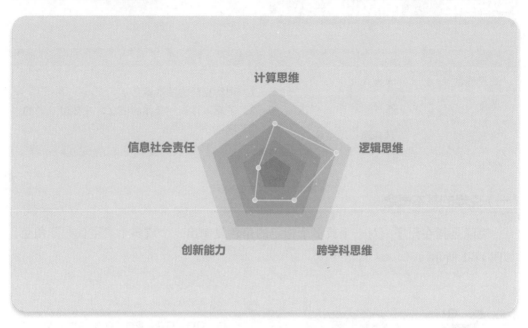

⭐ 知识结构导图

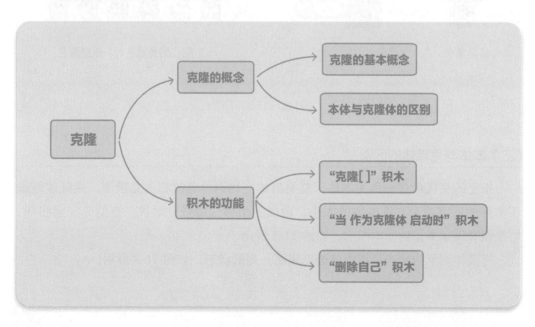

考 点 清 单

考点Ⅰ 克隆的概念

考点评估		考查要求
重要程度	★★☆☆☆	1. 理解克隆的基本概念；
难度	★☆☆☆☆	2. 了解本体和克隆体的概念，并知道二者的区别
考查题型	选择题、填空题	

（一）克隆的基本概念

克隆是指在程序中对一个或多个指定的角色复制出一个或多个"空代码"角色，如图 11-1 所示。

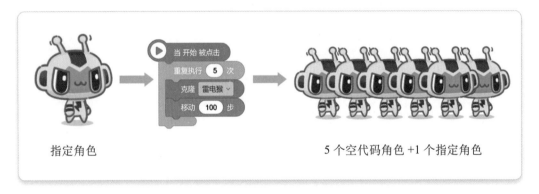

图 11-1

（二）本体与克隆体的区别

指定的克隆角色被称为本体，复制出的空代码角色被称为克隆体。克隆体继承了本体的所有状态，跟本体的大小、角度、坐标、质量、形状、造型等完全相同，唯独没有继承本体的脚本积木，如图 11-2 所示。

克隆体继承的状态是指本体被克隆那一刻的状态，如图 11-3 所示。

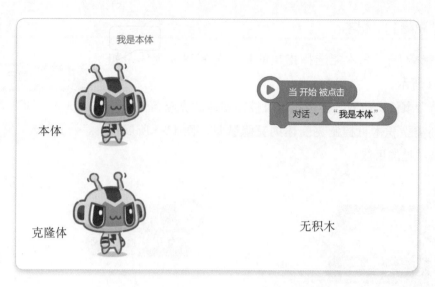

图　11-2

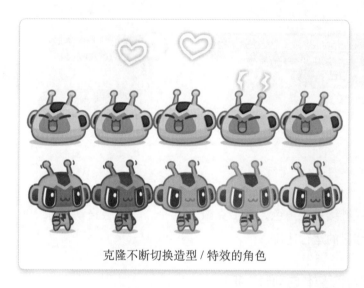

克隆不断切换造型 / 特效的角色

图　11-3

考点 2　积木的功能

考 点 评 估		考 查 要 求
重要程度	★★★★★	1. 掌握"克隆 [ ]"积木的使用方法；
难度	★★★☆☆	2. 掌握"当 作为克隆体 启动时"积木的使 用方法；
考查题型	选择题、填空题、操作题	3. 掌握"删除自己"积木的使用方法

（一）"克隆 [ ]"积木

"克隆 [ ]"积木能选择指定的角色复制出克隆体，如图 11-4 所示。

结合事件、侦测等类型积木可控制本体的克隆条件，结合循环类型积木可控制克隆体的克隆数量，图 11-5 所展示的就是常见的用法。

图　11-4

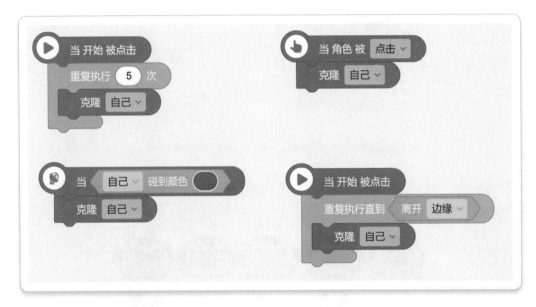

图　11-5

本体可以继续克隆角色。最多克隆 300 个，系统会自动清除 300 个以上的克隆体，以保证程序的运行速度。

（二）"当 作为克隆体 启动时"积木

图　11-6

"当 作为克隆体 启动时"积木是克隆事件的开端，当克隆体生成后，克隆体立刻执行此积木下的脚本，如图 11-6 所示。

克隆体是个空代码角色，如果想要控制克隆体的行为，需要使用"当 作为克隆体 启动时"积木。

当出现克隆体时，克隆体就会执行这个积木块下方连接的脚本，如图 11-7 所示。该积木功能与"当 开始 被点击"积木类似，但只对克隆体发挥效用。

图　11-7

（三）"删除自己"积木

"删除自己"积木能在游戏运行中将整个角色自身删除，包括角色本身的脚本积木，常用于克隆体相关程序中，如图 11-8 所示。

图　11-8

在大量使用克隆体时，克隆体使用完后一定要及时删除，否则将导致计算机性能的极大消耗，游戏也将会变得越来越卡顿，如图 11-9 所示。

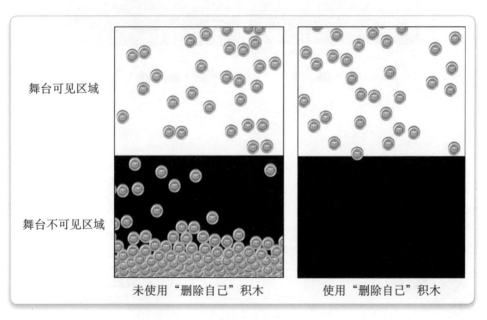

图　11-9

考点探秘

> ## 考题 I

在图 11-10 中，苹果树上结满了苹果，"雷电猴"碰到"苹果"后，"苹果"掉落在台面或地面（Y 坐标为−350 的位置）上。图 11-11 所示为角色"苹果"的脚本，则脚本中"？"代表的内容是（　　　）。

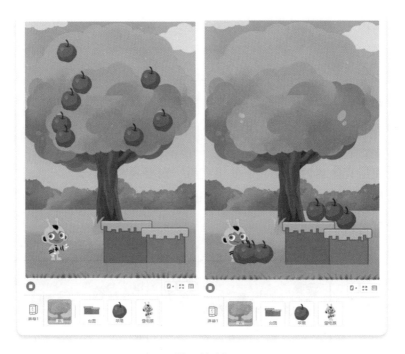

图　11-10

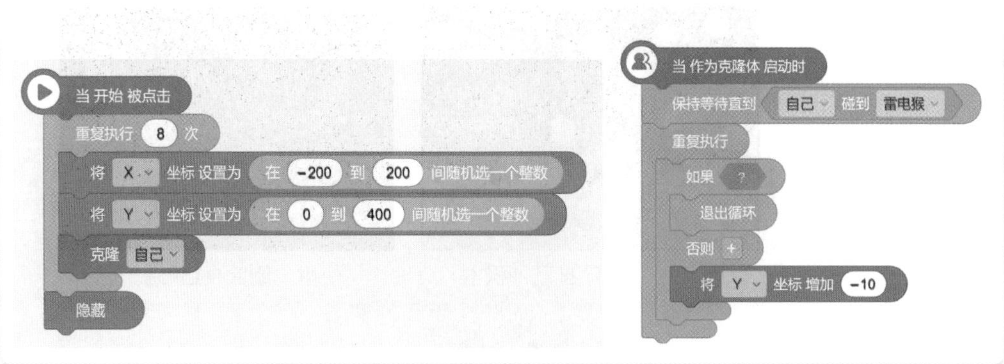

图　11-11

A. 〈 自己▾ 碰到 台面▾ 或 〉 自己▾ 的 Y坐标▾ ≤ -350 〉

B. 〈 自己▾ 碰到 台面▾ 且 〉 自己▾ 的 Y坐标▾ ≥ -350 〉

C. 〈 自己▾ 碰到 台面▾ 不成立 或▾ 〉 自己▾ 的 Y坐标▾ ≤ -350 〉

D. 〈 自己▾ 碰到 台面▾ 或 〉 自己▾ 的 Y坐标▾ ≥ -350 〉

※ **核心考点**

考点 2：积木的功能

※ **思路分析**

本题主要考查对侦测条件的判断，需要仔细审题，同时在程序阅读过程中，考生需要对相关积木有一定的理解。

※ **考题解答**

"苹果"掉落在台面或地面（Y 坐标为 -350 的位置）上，由此可知克隆体脚本内的程序实现"苹果"掉落和停顿的效果。分析条件判断内积木功能可知，否则条件下的脚本实现"苹果"掉落功能，继而可推导出"苹果"停顿的条件，即"苹果"碰到台面或在地面位置上（Y 坐标 ≤ -350）。故选 A。

> **考题 2**

机器人在舞台上排列出如图 11-12（a）所示的方阵，脚本如图 11-12（b）所示。脚本中 "?" 处应填写的是 _____。

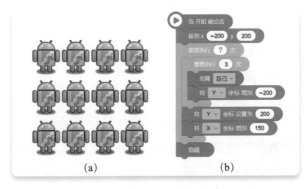

图　11-12

※ **核心考点**

考点 1：克隆的概念

※ **思路分析**

本题主要考查学生对循环嵌套、坐标和克隆相关知识的理解，需仔细理清楚坐标方位，审题时注意本体最后是隐藏的。

※ **考题解答**

本题的脚本先执行最内侧的重复执行积木块，由此可知机器人往纵向克隆。因此可知脚本中"？"处应填写数字 4。

巩固练习

1. 角色"雷电猴"的脚本如图 11-13 所示。运行该脚本，舞台上最多显示_____只"雷电猴"。

注：仅填写数字，勿填写空格、换行或其他字符。

图 11-13

2."呆鲤鱼"的脚本如图 11-14 所示。脚本中的变量"速度"为角色变量。运行脚本，下列说法正确的是（　　）。

A．舞台上有 5 只"呆鲤鱼"

B．所有"呆鲤鱼"都在 y 方向上往返移动

C．所有"呆鲤鱼"的移动速度可能一样，也可能不一样

D．所有"呆鲤鱼"的大小都一样

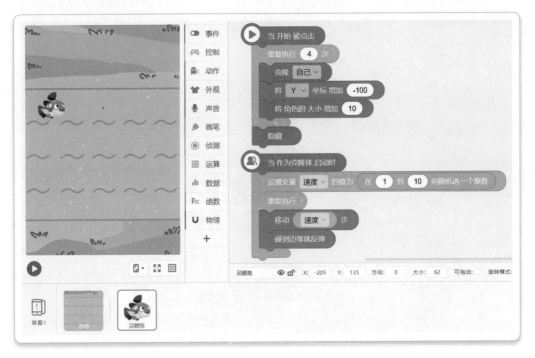

图　11-14

专题12

注　释

注释虽然对程序的运行毫无影响，但对一个程序却非常重要。无论是单人历经多天编写的程序，还是同伴共同完成的项目，大型的程序总需要注释来标识各个部分脚本的功能。注释是写给人类而非机器看的，其有助于使人快速了解一个程序。

考查方向

⭐ 能力考评方向

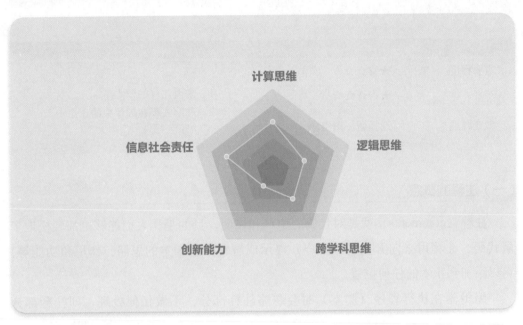

⭐ 知识结构导图

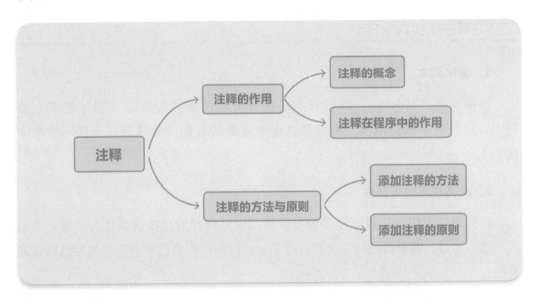

考点清单

考点 1 注释的作用

考点评估		考查要求
重要程度	★☆☆☆☆	
难度	★☆☆☆☆	1．掌握注释的概念； 2．理解注释在程序中的作用
考查题型	选择题、填空题	

（一）注释的概念

注释（comments）就是对代码的解释和说明，目的是让人们能够更加轻松地了解代码。注释用来向开发者（用户）提示或解释某些脚本的思路、作用和功能等，可以添加到积木的任何位置。

编辑器在执行程序（脚本）时会忽略注释部分，不做任何处理，即注释部分不会被编辑器执行。脚本中添加适量的注释是很重要的，注释通常占源程序的 1/3 左右。

（二）注释在程序中的作用

1．调试脚本

在调试程序（debug）的过程中，注释可以用来临时快速注释某些脚本或积木，达到缩小错误范围、提高调试程序效率的目的（具体调试操作可参考专题 14）。

2．提高程序的可读性

注释的最大作用是提高程序的可读性，没有注释的程序很难让人看懂，说是天书也不为过。甚至自己写的代码，过了一段时间后，自己也会忘记编写思路或者目的。

考点 2　注释的方法与原则

考 点 评 估		考 查 要 求
重要程度	★☆☆☆☆	1．掌握添加注释的方法；
难度	★☆☆☆☆	2．了解添加注释的原则；
考查题型	选择题、填空题、操作题	3．能够为复杂脚本添加清晰的注释

（一）添加注释的方法

1．添加注释

任意移动鼠标到其中一块积木上，右击打开快捷菜单，可以看到"添加注释"选项，单击该选项后即可看到该积木上有注释图标，如图 12-1 所示。

图　12-1

2．删除注释

单击注释图标后会弹出文本框，在文本框中可以添加任意文字。任意积木都可以添加注释，右击选择"删除注释"选项即可删除注释，如图 12-2 所示。

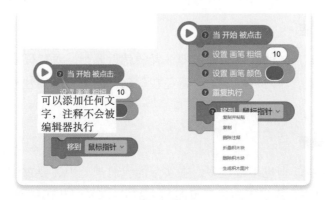

图　12-2

125

（二）添加注释的原则

1．注释形式统一

使用具有一致的标点和结构的样式来构造注释。如果发现其他项目的注释规范与这份文档不同，按照它们的规范书写，不要试图在既成的规范系统中引入新的规范。

2．注释的简洁性

注释的内容要简单、明了、含义准确，防止注释的多义性，错误的注释不但无益反而有害，如图 12-3 所示。

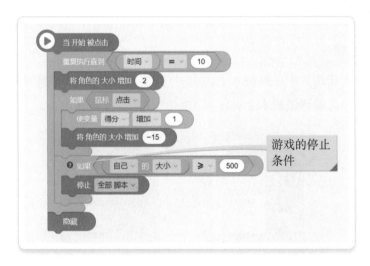

图　12-3

3．注释的一致性

注释先于代码创建（或边写代码边写注释），有机会便复查已编写的代码。通常描述性注释先于代码创建，解释性注释在开发过程中创建，提示性注释在代码完成后创建。修改代码的同时要注意修改相应的注释，以保证代码与注释的同步。

4．注释的位置

保证注释与其描述的代码相邻，即注释的就近原则。对代码的注释应放在其上方相邻或右方位置，不可放在下方。避免在代码行的末尾添加注释，因为行尾注释使代码更难阅读。

5．注释的数量

注释必不可少，但也不应过多。在实际的代码规范中，要求注释占程序代码的比例达到 20% 以上，最好不超过源程序的 1/3。注释是对代码的"提示"，而不是说明性文档，程序中的注释不可喧宾夺主，注释太多会让人眼花缭乱，且花样要少。不要被动地为写注释而写注释。如图 12-4 所示，无须为所有积木添加注释。

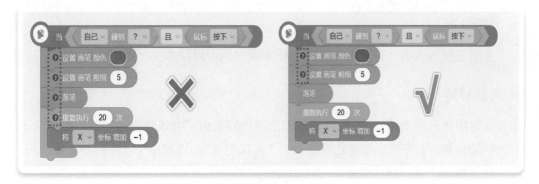

图   12-4

6．必加的注释

典型算法必须有注释。在代码不明晰或不可移植处必须有注释；在代码修改处加上修改标识的注释；在循环和逻辑分支组成的代码中添加注释。为了防止问题反复出现，对错误修复和解决方法的代码应使用注释。

考点探秘

> 考题

运行图 12-5 所示的脚本，则新建对话框输出的内容是（   ）。

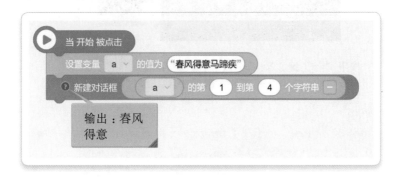

图   12-5

A．春意　　　　　　　　　　　　B．输出：春风得意

C．春风得意　　　　　　　　　　D．春风得意马蹄疾

※ 核心考点

考点 1：注释的作用

※ 思路分析

本题主要考查字符串的操作，注释在本题中属于提醒考生审题的作用。

※ 考题解答

由题图所示积木可知，新建对话框输出的内容是由"春风得意马蹄疾"的第 1 ～ 4 个字符组成的字符串，也就是前四个字"春风得意"。在程序中，注释不会被执行，所以最终输出的是"春风得意"。故选 C。

巩固练习

程序的预期效果如图 12-6 所示。

图　12-6

角色"苹果"中的某段脚本比较复杂（见图 12-7），请进行注释并说明其功能，然后添加在"如果"积木上。

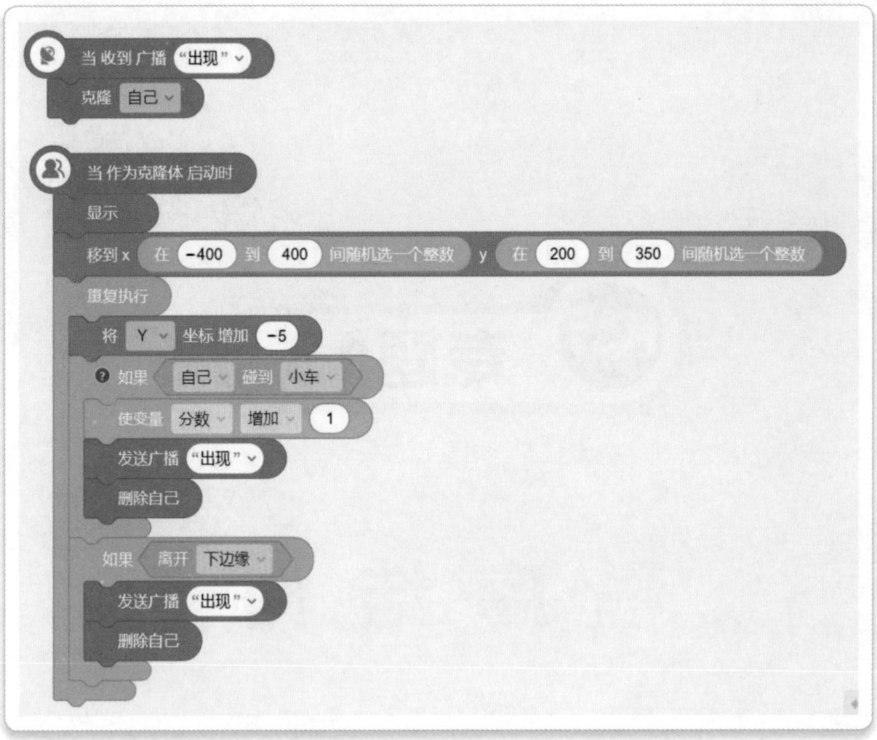
当 收到广播 “出现”
克隆 自己
当 作为克隆体 启动时
显示
移到 x 在 -400 到 400 间随机选一个整数 y 在 200 到 350 间随机选一个整数
重复执行
将 Y 坐标 增加 -5
如果 自己 碰到 小车
使变量 分数 增加 1
发送广播 “出现”
删除自己
如果 离开 下边缘
发送广播 “出现”
删除自己

图 12-7

专题13

程 序 结 构

在图形化编程一级教程中,我们已经了解了程序三大结构的基本使用方法。本专题,将在图形化编程一级教程的基础上继续深化学习程序结构的使用方法,着重讲解嵌套结构与多层结构的相关概念与知识。

考查方向

★ 能力考评方向

★ 知识结构导图

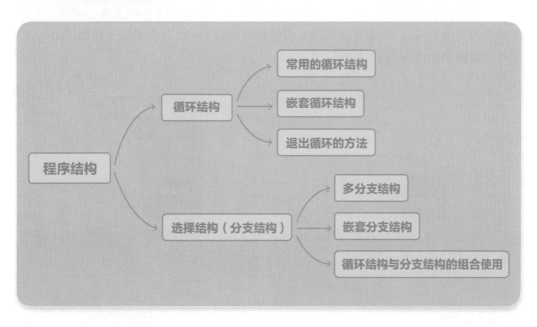

考点清单

考点1 循环结构

考 点 评 估		考 查 要 求
重要程度	★★★★☆	1．掌握常用的循环结构语句；
难度	★★★★☆	2．能够正确使用条件循环，能为条件循环构建侦测条件；
考查题型	选择题、填空题、操作题	3．理解多重嵌套循环的概念，并能够正确使用多重嵌套循环； 4．掌握退出循环的方法

（一）常用的循环结构

循环结构是指在一定条件下反复执行某段程序的结构。在图形化编程中，一般分为三种：有重复次数的循环结构、无限循环结构和条件循环结构。

1．有重复次数的循环结构

使用"重复执行（）次"积木可以用来控制循环的次数，其中数值 20 表示循环的次数，可以根据具体情况自行修改，积木如图 13-1 所示。

当程序执行到该结构时，优先执行循环体内的语句，自上而下从"语句 1"顺序执行到"语句 N"。当循环体内所有语句执行 5 次后，就执行循环下面的"语句 a"积木，其程序结构如图 13-2 所示。

图 13-1

图 13-2

专题 13

2．无限循环结构

无限循环结构主要使用"重复执行"积木来实现，积木如图 13-3 所示。

如图 13-4 所示，当程序执行到无限循环结构时，会从循环积木嵌套中的"语句 1"开始自上而下依次执行至"语句 N"，并重复这个过程无限次。

图 13-3

图 13-4

3．条件循环结构

条件循环结构主要使用"重复执行直到 < >"积木实现，积木如图 13-5 所示。

程序结构如图 13-6 所示。在循环执行之前先对"条件"进行判断，若"条件"不成立，则执行循环体内的"语句 1"到"语句 N"。当循环体内的所有语句自上而下依次执行完后，会再次对"条件"进行判断。若"条件"不成立，则依然执行循环体内的所有语句；若"条件"成立，则循环终止，执行"循环外语句"。

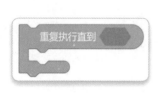

图 13-5

图 13-6

图 13-7 为角色"雷电猴"的脚本，该脚本使用了条件循环结构。程序运行顺序如下。

（1）判断"雷电猴"是否碰到了"小猫"，若条件不成立即"雷电猴"没有碰到"小猫"，则"雷电猴"会每间隔 0.1 秒切换到下一个造型并向右移动。

（2）判断"碰到小猫"的条件是否成立，不成立就继续向右移动。

（3）判断直到条件成立即"碰到小猫"，则循环终止，"雷电猴"就不再向右移动，执行循环外面的语句"对话 [你好] 持续（2）秒"积木。

图 13-7

（二）嵌套循环结构

嵌套循环结构是在循环积木里面再放入一个或多个循环积木，即多个循环积木组合使用的结构。一般分为条件循环嵌套、无限循环嵌套和有重复次数循环嵌套，如图 13-8 所示。

图 13-8

1．条件循环嵌套

条件循环嵌套是指外层循环为"重复执行直到 <>"积木，内层循环为"重复执行（）次"积木的循环嵌套结构，如图 13-9 所示。

如图 13-10 所示，当程序执行该结构时，程序先判断外层循环的"条件"是否成立，若不成立，则执行内层循环的"语句 1"到"语句 N"，重复 N 次后（该参数可根据具体情况修改）

图 13-9

再执行"语句 a"。接着再次判断外层循环的"条件"是否成立，若不成立，则依然重复 N 次执行内层循环语句；若条件成立，则循环终止，执行"循环外语句"。

2．无限循环嵌套

无限循环嵌套是指外层循环为"重复执行"积木，内层循环为"重复执行（）次"积木的循环嵌套结构，如图 13-11 所示。

如图 13-12 所示，当程序执行该结构时，会重复 N 次执行内层循环"语句 1"至"语句 N"。当重复执行完毕指定的次数后，就执行内层循环下面的"语句 a"。该结构中，程序会持续不断地执行这个顺序过程。

图　13-10

图　13-11

图　13-12

3．有重复次数循环嵌套

有重复次数循环嵌套是指内外层循环都为"重复执行（）次"积木的循环嵌套结构，如图 13-13 所示。

如图 13-14 所示，当程序执行该结构时，会重复执行 5 次"语句 1"到"语句 N"和 1 次"语句 a"（即完成一次外层循环）。接着再继续执行 4 次外层循环，当执行完毕外层循环指定的次数后，循环终止并开始执行"语句 b"。

图　13-13

图　13-14

（三）退出循环的方法

如图 13-15 所示，使用"退出循环"积木可以退出循环状态，同时该积木只能在循环类积木内使用。我们可以通过构建判断条件退出循环，也可以直接在循环内使用"退出循环"积木。

图　13-15

如图 13-16 所示，若"条件"成立，则退出循环，循环终止，执行"循环外语句"积木；若"条件"不成立，则会持续执行循环内的"语句 1"至"语句 N"积木，不会执行"循环外语句"积木。

如图 13-17 所示，程序只执行一次"语句 1 到语句 N"积木就退出循环，循环终止并接着执行"循环外语句"积木。

图　13-16

图　13-17

考点2　选择结构（分支结构）

	考点评估	考查要求
重要程度	★★★★☆	1. 理解多分支结构的执行逻辑，并能够正确使用；
难度	★★★★☆	2. 理解嵌套分支结构的执行逻辑，并能正确使用；
考查题型	选择题、填空题、操作题	3. 掌握循环结构与分支结构的组合使用，并能在程序中合理使用

（一）多分支结构

如图 13-18 所示，"如果＜＞否则"积木属于多分支结构。在"如果"框中填入相应的条件，具体的条件可根据程序的具体功能进行拼接。

如图 13-19 所示，若"如果"后的条件成立（即满足条件），则执行"语句 1"；条件不成立（即不满足条件），则执行"语句 2"。

遇到复杂情况时，判断条件可能有多个，这时需要增加多个判断条件，但程序最多只执行一条分支。如图 13-20 所示，脚本执行的顺序如下。

（1）判断"条件 1"是否成立，若成立，则执行"语句 1"；若不成立，则判断"条件 2"。

（2）若"条件2"成立，则执行"语句2"；若不成立，则判断"条件3"。

（3）若"条件3"成立，则执行"语句3"；若不成立，则执行"语句4"。

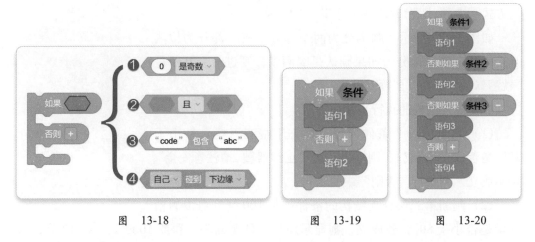

图　13-18　　　　　　　图　13-19　　　　　　　图　13-20

如图 13-21 所示，该脚本可实现超市积分活动的部分功能，其多分支结构执行语句的步骤如下。

（1）判断用户选择"是否购买？"，若为"是"，则变量"购物卡"的值减少 100，"积分卡"的值增加 10。

（2）若为"否"（即判断条件不成立）时，则判断第二个条件"转发链接次数"是否等于 5。若成立，则变量"积分卡"的值增加 3；若不成立，则执行"否则"后面的语句，变量"购物卡"和"积分卡"的值增加 0。

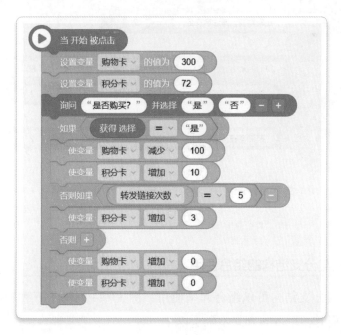

图　13-21

（二）嵌套分支结构

为了实现复杂的功能，分支结构也可以嵌套使用，嵌套的方式有多种，图 13-22 展示了其中的一种。

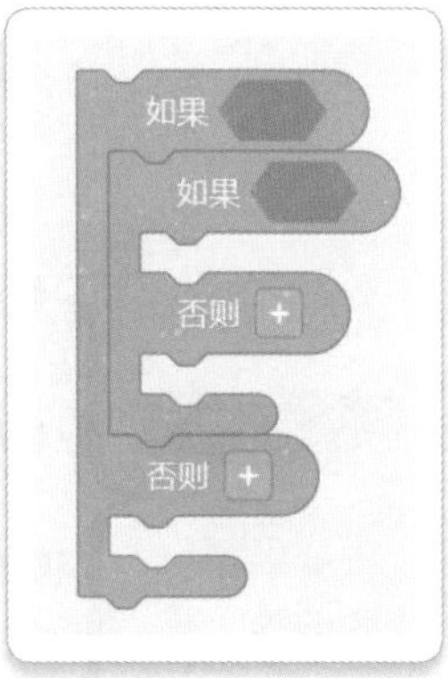

如图 13-23 所示，脚本分为两个部分：第一部分为检测是否喝酒；第二部分为如果确认是喝酒了，则进一步判断是"饮酒驾驶"还是"醉酒驾驶"。

嵌套分支结构的执行步骤如下。

（1）判断第一个条件"每 100 毫升血液酒精含量小于 20"是否成立，若成立，则输出对话"正常驾驶，请注意安全"；若不成立，则执行"否则"中的语句。

图 13-22

（2）判断第二层分支结构的条件"每 100 毫升血液酒精含量是否小于 80"，若成立，则显示对话"饮酒驾驶，罚款 1000 元，扣 12 分，暂扣驾照 6 个月"；若不成立（即每 100 毫升血液酒精含量大于 80），则显示对话"醉酒驾驶，吊销驾照，五年内不得重新获取驾照"。

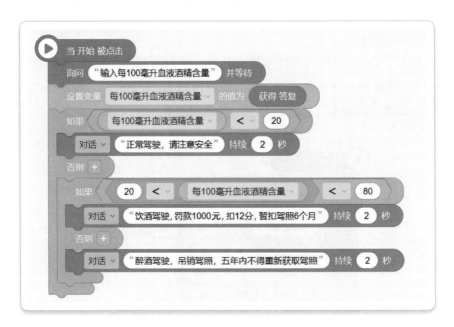

图 13-23

（三）循环结构与分支结构的组合使用

循环结构与分支结构可以组合起来使用，图 13-24 列举了三种较常用的组合方式，在实际编程时，组合的方式不限于以下三种。

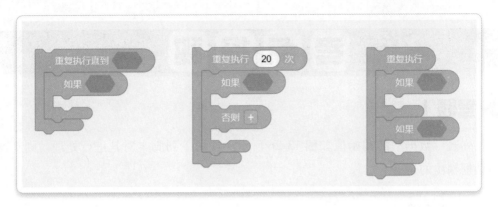

图　13-24

如图 13-25 所示，该脚本主要是实现计算在 1 ～ 100 有多少个数字能被 7 整除，脚本的执行步骤如下。

（1）给变量"i"和"个数"分别赋值。

（2）进入条件循环结构，变量"i"能否被 7 整除，若条件成立，则"个数"增加 1。（注意：不管变量"i"能否被 7 整除是否成立，在循环结构内都会执行"变量 i 增加 1"这块积木。）

（3）直至变量"i"等于 101 时，退出循环结构（即判断 1 ～ 100 的数，不判断 101）。

（4）新建对话框输出结果。

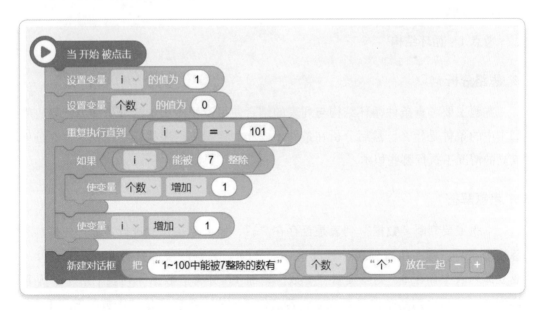

图　13-25

考点探秘

▶ 考题 1

列表"数据"的初始值如图 13-26 所示。使用下列脚本对其进行处理，则新建对话框输出的是（　　）。

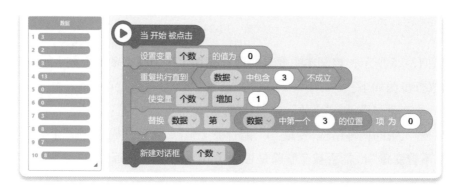

图 13-26

A. 1　　　　　　　　B. 3　　　　　　　　C. 4　　　　　　　　D. 5

※ **核心考点**

考点 1：循环结构

※ **思路分析**

本题主要考查条件循环结构与列表的结合使用及程序脚本的分析能力。要先看脚本中的条件是什么，然后分析在条件不成立的情况下程序执行哪些积木，在条件成立的情况下执行哪些积木。

※ **考题解答**

本题主要判断"数据"列表是否存在"3"，如果存在，就进行计数，并将"3"替换为"0"。程序执行到条件循环这一部分时：①判断条件是否成立，若条件不成立即列表中存在 3，则将变量"个数"增加 1，并将"数据"列表中第一个 3 替换为 0；②再次判断条件是否成立，若条件不成立，则将变量"个数"增加 1（此时变量"个数"为 2），并将"数据"列表中第一个 3 替换为 0；③继续判断条件是否成立，直到"数据"列表中不存在数字 3 的项为止。因为"数据"列表中存在 3 个项为"3"，所以变量"个数"为 3。因此，新建对话框输出的值为 3。故选 B。

考题 2

运行图 13-27 所示的脚本，则新建对话框输出的结果是 ＿＿＿＿＿＿。

图　13-27

※ **核心考点**

考点 1：循环结构

※ **思路分析**

本题主要考查有限循环嵌套和变量计算的综合运用。先确定所有变量的初始值，然后按照有限循环嵌套的执行顺序进行变量的计算，需要注意的是每次开始执行内层循环之前，变量"j"的值会重新设置为 0。

※ **考题解答**

外层循环执行 3 次，每一次外层循环执行都包含内层循环执行 4 次。由此可得表 13-1。

表 13-1

外 层 循 环								
第一次执行			第二次执行			第三次执行		
i	j	和	i	j	和	i	j	和
0	0	0	1	0	14	2	0	32
1	增加 4 次，每次增加 1	+4i，即 +4 增加 4 次 j，即 +1+2+3+4 最终为 14	2	增加 4 次，每次增加 1	+4i，即 +8 增加 4 次 j，即 +1+2+3+4 最终为 32	3	增加 4 次，每次增加 1	+4i，即 +12 增加 4 次 j，即 +1+2+3+4 最终为 54

因此，新建对话框输出的"和"的值为 54。

考题 3

角色在舞台上做加速运动，其脚本如图 13-28 所示，则该角色最终的 X 坐标是 _____。

图 13-28

※ 核心考点

考点 1：循环结构

※ 思路分析

本题主要考查无限循环的退出及变量计算的综合运用。首先需要明确退出循环的条件，以此确定循环的次数。然后明确循环体内变化的量，顺序执行循环体内积木，依次计算出各个量的值。

※ **考题解答**

循环体内变化的量为角色的 X 坐标和变量"速度"，循环在变量"速度"≥ 10 时退出。由此可得表 13-2。

表　13-2

循环	初始	一	二	三	四	五	六	七	八	九	十
X 坐标 （＋速度）	0	0	1	3	6	10	15	21	28	36	45
速度	0	1	2	3	4	5	6	7	8	9	10
是否退出	否	否	否	否	否	否	否	否	否	否	是

因此，在程序执行完即退出循环时，角色的 X 坐标为 45。

巩固练习

1. 运行图 13-29 所示的程序脚本，则新建对话框输出的变量"n"的值为 _____。

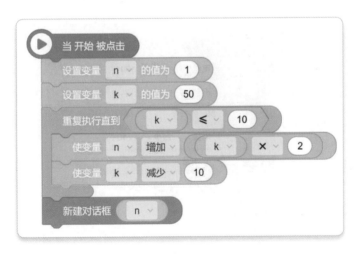

图　13-29

2. 角色"红心"在舞台上的初始坐标为（−200,200），且角色初始状态能在舞台上正常显示，图 13-30 是其程序脚本。运行程序，"红心"的舞台效果是（　　）。

图 13-30

A. 　　　　　　B. 　　　　　　C. 　　　　　　D.

3．图 13-31 是某角色的程序脚本，运行程序，下列描述正确的是（　　　）。

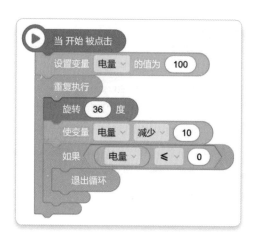

图 13-31

A．角色不停地旋转，永不停止

B．角色旋转 36 度后，退出循环

C．角色不停地旋转，当变量"电量"等于或小于 0 时，角色不再旋转

D．角色的初始朝向和退出循环后的朝向相反

4. 阿短的体育成绩为 96 分。运行图 13-32 所示的程序，输入 96，最终新建对话框显示的内容是（　　）。

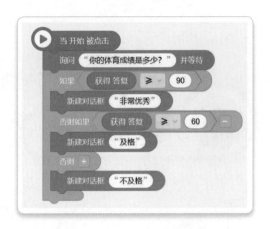

图　13-32

A．非常优秀　　　　B．及格　　　　C．不及格　　　　D．获得答复

5. 程序脚本如图 13-33 所示。程序运行时，可以拖动角色，如果将该角色限制在两点 (0, −200) 和 (0, 200) 之间的连线上移动，那么①②处应分别填入（　　）。

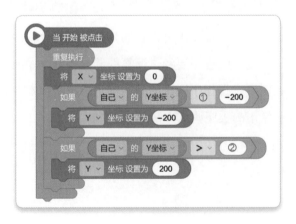

图　13-33

A．<, 0　　　　　　B．>, 0　　　　C．<, 200　　　　D．>, −200

程 序 调 试

程序调试作为学习程序语言设计的基础，是每个程序员都必须掌握的基本能力。复杂的程序要经过反复的调试和修改才能保证其正常运行，因此，需要掌握程序调试的基本知识和技巧。本专题，我们将一起学习几种常用的程序调试方法。

考查方向

★ 能力考评方向

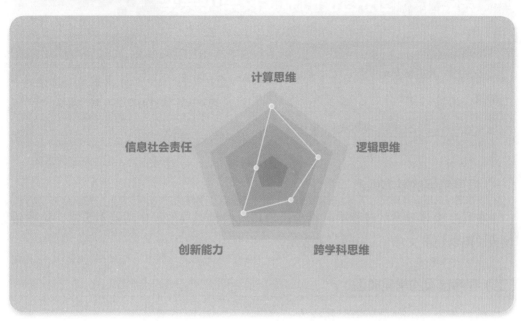

★ 知识结构导图

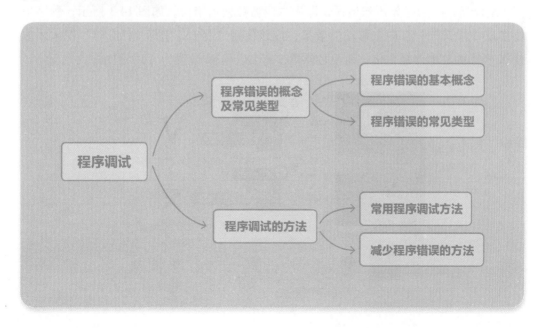

考点清单

考点 1　程序错误的概念及常见类型

考点评估		考查要求
重要程度	★★★☆☆	
难度	★☆☆☆☆	理解程序错误的概念及常见类型
考查题型	选择题、填空题、操作题	

（一）程序错误的基本概念

在程序设计开发的过程中，难免会出现一些错误导致程序功能不正常，这些错误或缺陷常用英文单词"Bug"来表示。

（二）程序错误的常见类型

图形化编程中常见的程序错误有编译错误、逻辑错误等。

1．编译错误

编译错误一般是指语法错误，即积木或参数使用错误。如图 14-1 所示，程序想要实现"背景"一直向左移动的效果，应该使用"将 [X] 坐标 增加（）"积木才能使 X 坐标的值不停地变化，而不是使用"将 [X] 坐标 设置为（）"积木。

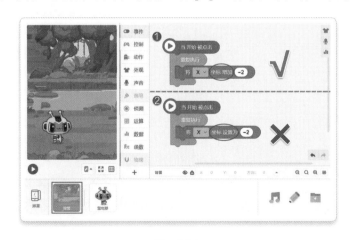

图　14-1

2．逻辑错误

逻辑错误是指拼接的脚本虽然可以执行，但得不到正确的预期结果。如图 14-2 和图 14-3 所示，程序想要实现输出 0 ~ 20 内偶数的个数（包含 0 和 20），如果"使变量 [N][增加]（1）"积木的放置位置不对，则输出结果就会存在错误。

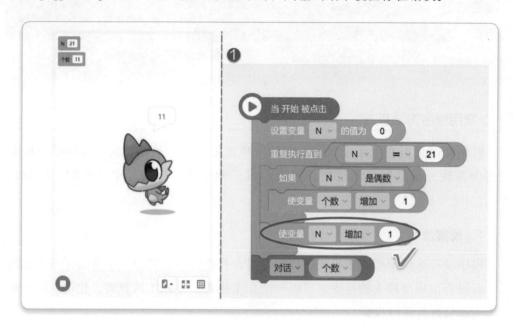

图　14-2

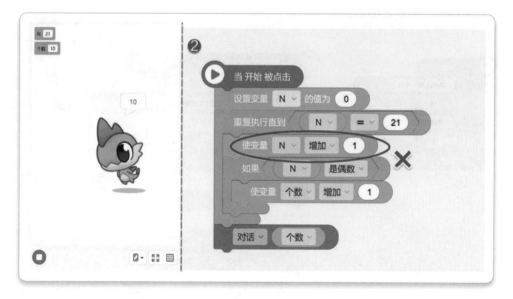

图　14-3

考点2 程序调试的方法

考点评估		考查要求
重要程度	★★★★☆	1. 能够使用观察法、点击法、分段法等对程序进行调试；
难度	★★☆☆☆	序进行调试；
考查题型	操作题	2. 掌握减少程序错误的方法

（一）常用程序调试方法

程序调试是指在程序设计开发中的一项重要技术，通常称为"debug"，即在程序中发现并排除错误的过程。以下介绍三种在图形化编程中常用的程序调试方法。

1. 观察法

程序没有达到预想的效果或直接报错时，我们需要做的第一步就是仔细观察脚本，看是否出现拼接上的错误。可以一个积木接着一个积木地观察，也可以以一组脚本为单位进行逐行观察。

若程序想要实现：用户输入两个正整数 M 和 N，程序输出 M 和 N 的最大公约数。运行图 14-4 所示脚本，程序报错。

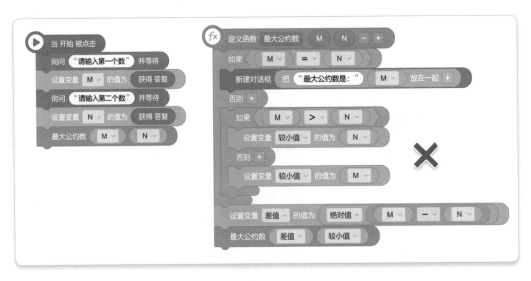

图　14-4

仔细观察脚本后发现，函数中的参数与全局变量"N"和"M"使用混乱。在函数"最大公约数"内部，应该使用局部变量（即函数"最大公约数"的参数）而不是全局变量"N"和"M"。修改过后的脚本如图 14-5 所示，即能实现程序效果，求出两数的最大公约数。

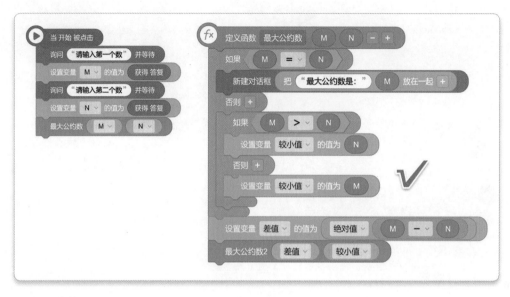

图 14-5

2．点击法

点击法主要用于单个积木或单组脚本的调试。当程序比较复杂，尤其是选择结构较多时，使用点击法可以快速测试条件是否成立。如图 14-6 所示，单击单个积木，积木就会呈现相应的结果。

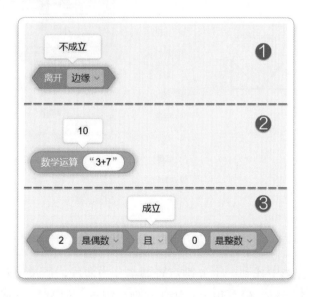

图 14-6

151

利用点击法还可以直接查看某一组脚本的效果。如图 14-7 所示，单击一组脚本，舞台区会呈现对应的效果。

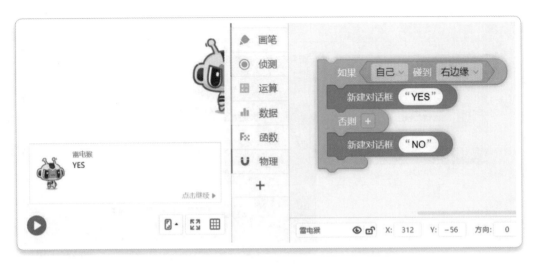

图　14-7

3．分段法

分段法比较适用于程序中有较长的顺序结构或循环结构的情况。某同学想要使用程序绘制由一红一蓝两个三角形组成的图形，但该同学所绘制的图形出现了偏差，红色三角形的底边为蓝色，脚本和图形如图 14-8 所示。

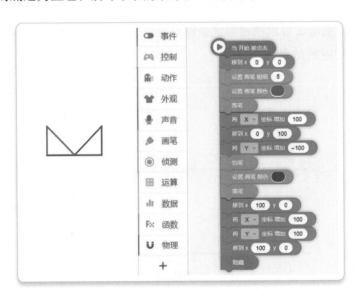

图 14-8

我们可以在脚本中找到一个分割点将脚本分为两段，通过比较明显的三角形颜色（即"设置 画笔 颜色（）"积木）快速找到分割点，如图 14-9 所示。

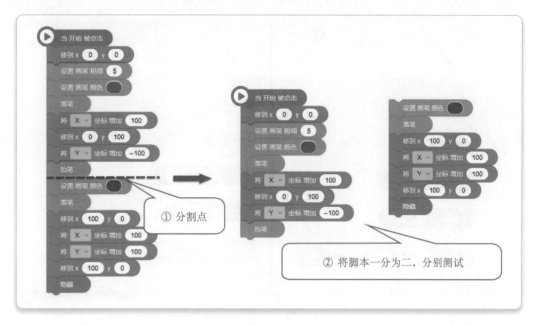

图　14-9

使用点击法分别对两段积木进行测试，发现是图 14-9 所示的第二段积木出现了问题，导致多绘制了一段蓝色的边。通过观察法可以推出是"移到 x（100）y（0）"积木放错了位置导致的错误，如图 14-10 所示。

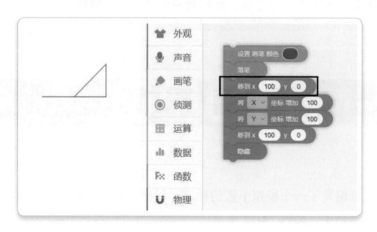

图　14-10

（二）减少程序错误的方法

在编写程序的过程中，常用的减少错误的方法有命名规范、注释、画流程图。其中，增加注释和画流程图的具体方法在专题 12 和专题 15 中有详细介绍。规范的命名可增加程序的可读性，方便调试程序。无论是角色名、变量名、列表名还是广播消息，都需要命名规范。如图 14-11 所示，比较两组积木的可读性。

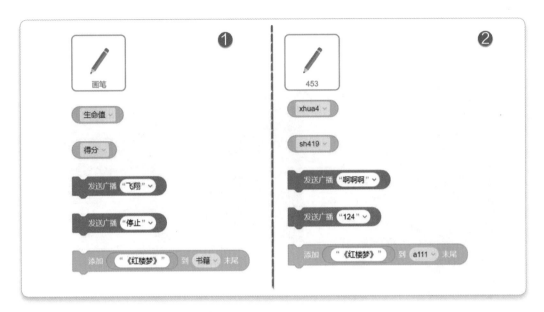

图　14-11

● 备考锦囊

　　关于程序调试的考点通常设置在操作题中，考生需先严格按照题目要求对比预期效果和预置文件之间的差别，然后对预置文件进行修改。

考点探秘

＞ 考题

　　小可用克隆编写了一个模拟下雪的程序，程序预期效果如下："雪花"缓缓飘落至舞台下边缘后消失，如图 14-12 所示。

　　然而，运行程序后，角色"雪花"克隆体的脚本程序存在两个问题（见图 14-13），请修改或添加脚本，以实现效果。

※ 核心考点

　　考点 2：程序调试的方法

"雪花"缓缓降落

碰到下边缘消失

图 14-12

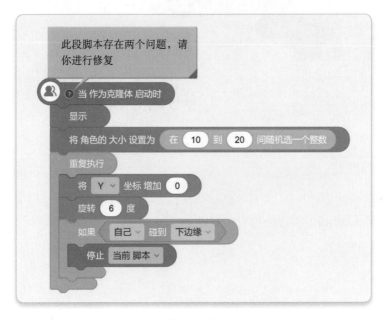

图 14-13

※ 思路分析

本题为操作题,考查学生对程序的快速阅读能力和程序纠错能力,需要考生仔细审题后结合所学程序调试等相关知识定位错误。

※ 考题解答

该程序为克隆体脚本,主要实现四个效果:克隆体显示—随机大小—旋转下落—

下边缘消失。根据分段法分段四个效果的实现主体，并快速定位错误，可以发现"旋转下落"和"下边缘消失"出错。

答案：参考图 14-14（答案不唯一）。

图　14-14

专题15

流 程 图

流程图是表示算法的一种方式，其中的图框可以用来表示程序中的各种操作，不仅直观形象、易于理解，还能有效地帮助我们发现程序逻辑上的错误。流程图通常可以作为编写程序的重要辅助方式，本专题会为大家讲解流程图的更多知识。

考查方向

⭐ 能力考评方向

⭐ 知识结构导图

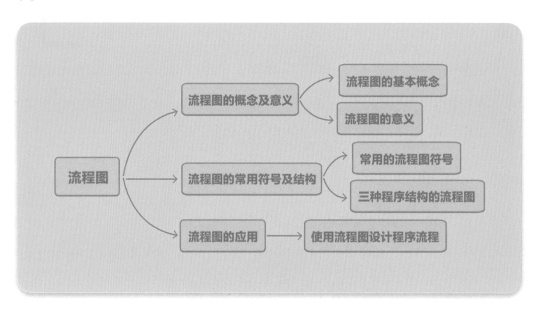

专题
15

考点清单

考点 1 流程图的概念及意义

考点评估		考查要求
重要程度	★☆☆☆☆	
难度	★☆☆☆☆	了解流程图的基本概念及意义
考查题型	选择题、填空题	

（一）流程图的基本概念

　　流程是指完成一个任务或进行一项活动的有序步骤，通常使用流程图来直观地表示流程中的各种操作。在程序设计中，用流程图来表示算法的执行步骤，直观形象、易于理解。

　　如图 15-1 所示，左边的程序实现的功能是输出任意一个整数的绝对值。其执行步骤如果用自然语言描述表示如下。

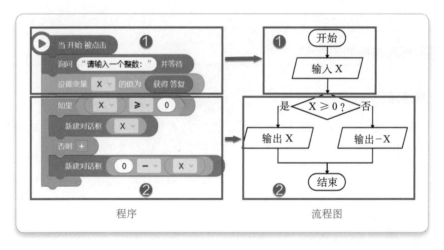

图　15-1

　　（1）程序开始。

　　（2）用户输入一个整数并赋值给变量"X"。

　　（3）判断变量"X"是否大于等于 0。

（4）若变量"X"大于等于 0，则输出 X；若变量"X"小于 0，则输出−X。

（5）程序结束。

（二）流程图的意义

程序用文字来描述，不仅语言冗长，而且含义不严谨，需要结合上下文才能判断其正确的含义。如果使用流程图表示，每个操作框都有特定的含义，不仅简洁明了，还能清晰地看到每个操作框之间的走向。

 考点2 流程图的常用符号及结构

考点评估		考查要求
重要程度	★★☆☆☆	1. 了解流程图常用的符号；
难度	★☆☆☆☆	2. 理解三种程序结构的流程图
考查题型	选择题、填空题	

（一）常用的流程图符号

常用的流程图符号的具体作用在图形化一级教程中已讲解，这里不再赘述，如图 15-2 所示。

（二）三种程序结构的流程图

1. 顺序结构

顺序结构的基本单元如图 15-3 所示，执行完 A 框所指定的操作后，才会接着执行 B 框所指定的操作。

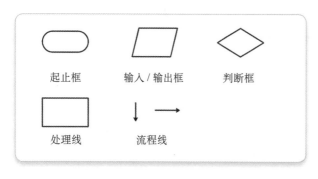

图 15-2

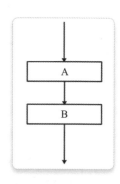

图 15-3

假设现在有两个瓶子，瓶子 A 和瓶子 B，分别盛放可乐和奶茶。现在要求将瓶子中的饮料互换（即瓶子 A 原来盛放可乐，现在盛放奶茶，瓶子 B 则相反），分别用程序和流程图来表示，如图 15-4 所示。

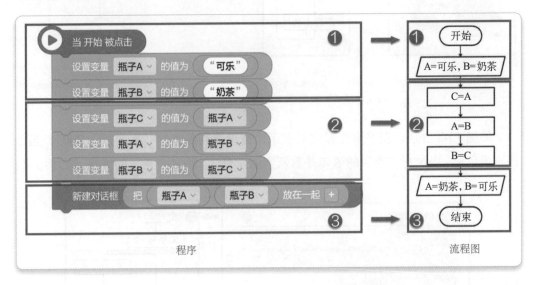

图　15-4

流程解析如下。

（1）可以先借助瓶子 C，将瓶子 A 中的可乐倒入瓶子 C 中。

（2）此时瓶子 A 就已腾出空间，再将瓶子 B 中的奶茶倒入瓶子 A。

（3）将瓶子 C 中的可乐倒入瓶子 B，就完成了瓶子 A 和瓶子 B 的饮料互换。

在这个过程中，每个积木或操作都是一步接着一步执行的，我们称之为顺序结构。

2．循环结构

（1）无限循环结构

无限循环结构的基本单元如图 15-5 所示，操作框 A 和操作框 B 作为程序中的一个组合部分，被无限次重复执行。需要注意的是，这种无限次重复执行的结构也称作死循环，可以通过增加判断条件等方式退出循环。

图 15-6 所示分别是程序和流程图的表示方式，可以看出两者的区别在于流程图用线条的闭环表示循环执行。

（2）直到型循环结构

直到型循环结构的基本单元如图 15-7 所示，当不满足判断条件 P 时，操作框 A 重复执行，一旦满足判断条件 P，则退出循环，不再执行操作框 A。

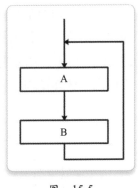

图　15-5

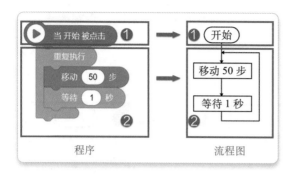

图 15-6

图 15-7

如图 15-8 所示，程序用流程图来表示，会设置判断条件 "X 坐标 ≥ 200"，当条件不满足时，则执行 "否" 的语句并重新判断；反之，则走 "是" 的线条，程序结束。

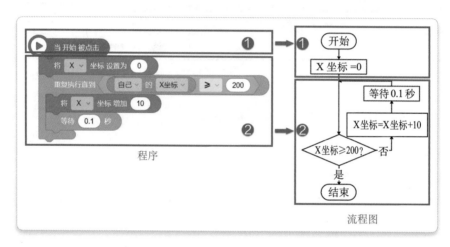

图 15-8

3. 选择结构

选择结构的基本单元有两种情况，第一种情况如图 15-9 所示，如果满足判断条件 P，则执行操作框 A；如果不满足判断条件 P，则执行操作框 B。第二种情况如图 15-10 所示，如果满足判断条件 P，则执行操作框 A；如果不满足判断条件 P，程序脱离本选择结构。

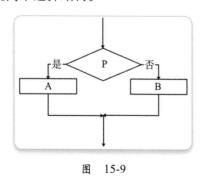

图 15-9

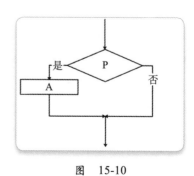

图 15-10

如图 15-11 所示，使用流程图来表示，两个判断条件呈顺序关系，必须先判断第一个条件，在不满足的情况下才能判断第二个条件是否满足。

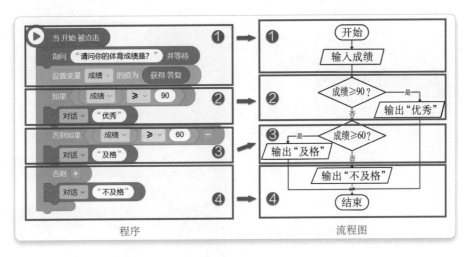

图　15-11

考点 3　流程图的应用

考点评估		考查要求
重要程度	★★★☆☆	
难度	★★★☆☆	能够使用流程图设计程序流程
考查题型	选择题、填空题	

使用流程图设计程序流程

假设程序要实现，判定 1900—2000 年中有哪些年是闰年并输出年份。已知闰年符合以下两个判断条件。

（1）普通年（平年）能被 4 整除，但不能被 100 整除的年份都是闰年，如 2004 年。

（2）世纪年既能被 100 整除，又能被 400 整除的年份是闰年，如 2000 年，不符合这两个条件的都不是闰年，如 1900。

其执行步骤用流程图表示，如图 15-12 所示。

该流程图的程序脚本如图 15-13 所示，由于脚本中选择结构嵌套的层数较多，如果直接拼接脚本，思路容易混乱或者脚本可能会出现拼接错误。所以在设计一个程序时，可以先通过画流程图的形式来理清各个步骤之间的逻辑关系，使程序流程变得更加直观、形象。

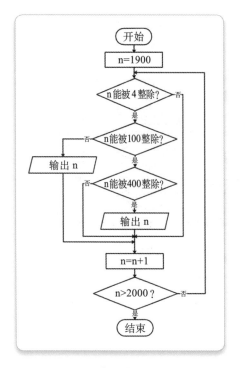

图 15-12

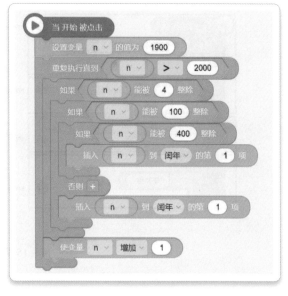

图 15-13

● **备考锦囊**

（1）流程图中都有起止框，表示执行步骤的开始和结束。

（2）流程线中的箭头反映流程执行的先后次序，绘制或者做题时需注意箭头的方向。

（3）判断框的"是"和"否"也可以用"Y"和"N"来进行表示，在同一个流程图中应统一。

考点探秘

考题

图 15-14 所示流程图中输出 b 的值是 _____。

※ 核心考点

考点 2：流程图的常用符号及结构

※　思路分析

本题考查流程图的输入/输出值，已知题干要求写出最终输出 b 的值，需要根据流程图的执行步骤一步一步地计算。

※　考题解答

首先，a 的初始值为 10，b 的初始值为 2，进入直到型循环结构，判断条件为 a ≤ 5，所以在执行循环结构时，a 和 b 的值变换依次为：

① a=9，b=3

② a=8，b=4

③ a=7，b=5

④ a=6，b=6

⑤ a=5，b=7

当重复执行到 a=5 时，已经满足"a ≤ 5"，输出 b，程序结束，所以输出的 b 的值应为 7。

※　举一反三

图 15-15 的流程图中输出 i 的值为 _____。

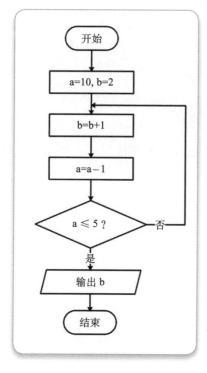

图　15-14

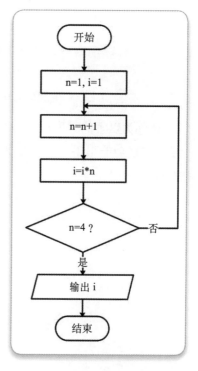

图　15-15

巩固练习

1．已知图 15-16 中的流程图表示计算 1+2+3+4+⋯+100 的和，则"？"处应填写的数字为 _____。

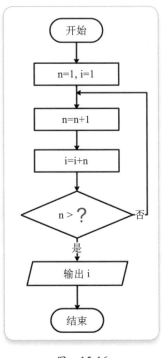

图　15-16

2．请你为以下的程序设计一个流程图。

程序实现功能：用户随机输入 3 个整数 a、b、c，程序按照从大到小的顺序将它们输出。

专题16

知识产权与信息安全

　　随着科学技术和互联网的快速发展，互联网的应用使我们的生活变得越来越便利，我们可以通过网络学习知识、分享与记录生活。但互联网在给我们提供便利的同时，其传播能力也带来了知识泄露、隐私泄露等相关的问题。了解学习知识产权、信息安全相关知识，以维护网络环境与个人权益很有必要，也是每一位互联网用户应尽的责任。

考查方向

★ 能力考评方向

★ 知识结构导图

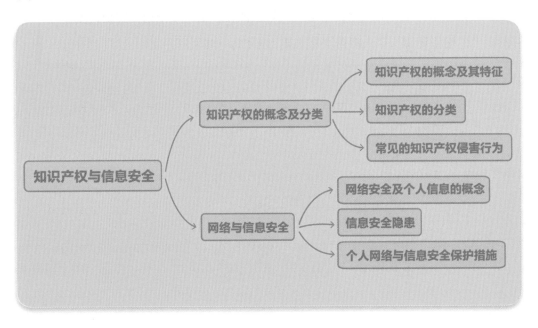

考点清单

 考点 1　知识产权的概念及分类

考点评估		考查要求
重要程度	★★☆☆☆	1. 深入了解知识产权的概念及其特征；
难度	★☆☆☆☆	2. 了解知识产权的类型；
考查题型	选择题	3. 了解常见的知识产权侵害行为

（一）知识产权的概念及其特征

1. 知识产权的概念

知识产权是基于创造性智力成果和工商业标记依法产生的权利的统称，是指人们对其所创作的智力劳动成果所享有的专有权利，是通过特定的国家机关依据特定的法律，经过特定的程序授予的特定权力。在我国，知识产权认定机关包括国家知识产权局、国家商标局和国家版权局。[①]

2. 知识产权的法律特征

专有性，即只有权利拥有者才可以享有，没有经过本人同意，其他人不能占有和使用。例如，阿短独自撰写了一本《趣味图形化编程》的书籍，只有阿短可以将该书稿进行出版，若阿短没有授权给其他人，他人不可以将该书稿出版。

时效性，是指所有的知识产权受法律保护的有效期限，如果期限到了，就不再属于权利人个人所拥有，全社会都可以依法使用。例如，小可发明了一个洗碗机器人，并对此申请了专利，因为发明专利的期限为二十年，所以该专利满了二十年，这个洗碗机器人就不再属于小可个人所专有。

地域性，是指知识产权受法律保护的有效地区范围，任何一个国家所确认的知识产权只在本国领域内有效。

---

① 李先波，蒋言斌．知识产权法学 [M]．长沙：湖南人民出版社，2008．

（二）知识产权的分类

根据《中华人民共和国民法通则（1986 年）》界定，知识产权包括：著作权（或版权）、专利权、商标专用权、发现权，公民对自己的发明或者其他科技成果有权申请领取荣誉证书、奖金或其他奖励。其中著作权、专利权和商标专用权成为知识产权的三大支柱。

著作权即版权，包括文字作品、美术作品、摄影作品、音乐、舞蹈、计算机软件等。

专利权简称专利，根据《中华人民共和国专利法（2008 年）》规定：发明专利权的期限为二十年，实用新型专利权和外观设计专利权的期限为十年，均自申请日起计算。

商标专用权是指商标注册人对已注册的商标有专用权力。根据《中华人民共和国商标法（2019 年）》规定：同中华人民共和国的国家名称、国旗、国徽、国歌、军旗、军徽、军歌、勋章等相同或者近似的，不得作为商标使用。

（三）常见的知识产权侵害行为

（1）未经著作权人许可，复制发行其文字作品、音乐、电影、电视、录像作品、计算机软件及其他作品的行为。

（2）出版他人享有专有版权的图书的行为。

（3）未经录音录像作者许可，复制发行其制作的录音录像的行为。

（4）制作、出售假冒他人署名的美术作品的行为。

以营利为目的，有以上侵犯著作权有关的权益的犯罪，具体处罚见《全国人民代表大会常务委员会关于惩治侵犯著作权的犯罪的决定》。

考点 2　网络与信息安全

考点评估		考查要求
重要程度	★★☆☆☆	1. 了解网络安全及个人信息的概念；
难度	★☆☆☆☆	2. 了解网络中存在的信息安全隐患；
考查题型	选择题	3. 了解计算机病毒、钓鱼网站等的危害； 4. 了解网络与信息安全的措施

（一）网络安全及个人信息的概念

《中华人民共和国网络安全法》第七十六条中对网络安全的释义如下。

专题
16

网络安全，是指通过采取必要措施，防范对网络的攻击、侵入、干扰、破坏和非法使用以及意外事故，使网络处于稳定可靠的运行状态，以及保障网络数据的完整性、保密性、可用性的能力。

个人信息，是指以电子或者其他方式记录的能够单独或者与其他信息结合识别自然人身份的各种信息，包括但不限于自然人的姓名、出生日期、身份证件号码、个人生物识别信息、住址、电话号码等。

（二）信息安全隐患

网络安全从本质上来讲就是网络中的数据与信息安全。因为互联网是一个开放的、无控制机构的网络，所以随着计算机和互联网的普及应用，计算机网络安全问题越发凸显。如何找出网络安全问题的应对方法呢？这就需要我们全面地了解计算机网络中所存在的安全隐患问题。

计算机网络安全问题的种类虽然繁多，但可以归纳为三大类别：系统漏洞、外部攻击、网络运营管理与维护不善。

1．系统漏洞

系统漏洞是指应用软件或操作系统在设计和实现逻辑上存在缺陷或错误。若被恶意利用，则可能会造成信息泄露、文件丢失，甚至系统崩溃的情况。

2．外部攻击

（1）计算机病毒

计算机病毒是指能够破坏计算机功能或者数据的代码。计算机病毒一般会通过网络、U 盘或隐藏在其他程序中传播。计算机病毒具有传播性、隐蔽性、感染性和破坏性，往往会造成数据丢失、系统崩溃等巨大损失。其中，最具有代表性的病毒便是曾轰动一时的"熊猫烧香"。

（2）网络钓鱼

网络钓鱼是指不法分子使用"钓鱼网站"发送大量垃圾信息，引诱用户上当受骗的一种行为。"钓鱼网站"的界面与真实网站界面基本一致，目的是盗取访问网站者的账号和密码信息。网络钓鱼是互联网中最常见的诈骗方式。

（3）木马程序

木马是一种基于远程控制的黑客工具，通常会伪装成程序包、压缩文件、图片、视频等形式，通过网页、邮件等渠道诱发用户下载安装，黑客利用程序控制电子设备来盗取用户的文件、数据、电子账户等。

（4）黑客入侵

黑客通常精通各种编程语言和各类操作系统，擅长利用网络入侵他人的计算机操作系统以窃取机密数据和盗用特权，或毁损重要数据，或使系统瘫痪。

3．网络运营管理与维护不善

（1）违规操作：网络管理人员操作不规范，导致数据资料外泄。

（2）故意泄密：计算机网络系统的工作人员故意对网络安全机密进行外泄和破坏。

（三）个人网络与信息安全保护措施

1．设置防火墙

防火墙是网络之间一种特殊的访问控制设施，在外部网络与内部网络之间设置的一道屏障，防止黑客进入内部网。

2．数据加密

数据加密技术是为提高信息系统及数据的安全性和保密性，使数据以密文的方式进行传输和存储，防止数据在传输过程中被别人窃听、篡改的一种技术手段。

3．安装杀毒软件

及时安装杀毒软件并定期升级，对计算机进行全面的查杀，如发现病毒应立即断网进行处理，及时控制病毒蔓延。

4．安装系统漏洞扫描软件

定期使用系统漏洞扫描软件对计算机系统自身和其他网络设备进行扫描处理。

5．养成良好的网络习惯和提升安全意识

（1）不搜索、不浏览不良网络。

（2）不点击、不下载不明来源软件。

（3）不点击不明链接或垃圾邮件。

（4）设置高强度的密码，尽量不要多个账号使用同一密码。

（5）不要在网络上随意公布自己的个人真实信息。

考点探秘

考题

下列做法中，不可取的是（　　）。

A．在自己的作品中要注明引用的图片、音频的出处，并向原作者致谢

B．随意打开陌生人发送的链接

C．使用网络获取信息时，要能够辨别信息的真伪

D．虚拟社区交流互动中，避免使用攻击性和侮辱性词汇

※ 核心考点

考点 1：知识产权的概念及分类

考点 2：网络与信息安全

※ 思路分析

本题考查考生对知识产权和信息安全相关知识点的掌握程度，判断合理的行为和观念。可以使用排除法。

※ 考题解答

本题考查的是对知识产权的认识，凡要使用他人的作品，均需征得他人同意或标明出处，故 A 选项的做法正确；陌生人发送的链接可能会跳转到"钓鱼网站"或带有木马程序等，随意打开可能让不法分子有机可乘，盗取系统中的重要信息，故 B 选项的做法不正确；我们在使用互联网检索信息时，需要有辨别真伪信息的能力，故 C 选项的做法正确；虚拟社区交流互动中，避免使用攻击性和侮辱性词汇，符合虚拟社区的道德礼仪，故 D 选项的做法正确。故选 B。

巩固练习

1．从 2001 年起将每年的 4 月 26 日定为"世界知识产权日"，目的是在世界范围内树立尊重知识、崇尚科学和保护知识产权的意识。下面做法正确的是（　　）。

A．正版书籍太贵了，还是买盗版的划算

B．在自己的作文中大比例地使用他人的文章内容

C．将他人画的画写上自己的姓名，并拿去参加比赛

D．在网上根据要求发表文章读后感

2．网络可以让我们学习到更多的东西，但同时也可能对我们造成不良的影响或伤害。下面选项中，做法正确的是（　　　）。

A．将自己的家庭地址和家庭成员信息告诉刚认识的网友

B．在自己的个人计算机上安装杀毒软件

C．登录不明网站，并在网站中下载应用软件

D．入侵他人计算机

3．下列选项中，合法的是（　　　）。

A．编写恶意程序，并通过邮件方式发送到他人邮箱

B．在网络上购买他人信息

C．某餐厅使用国旗相似图作为餐厅招牌

D．小明独立设计了一个很特别的图案，并申请了版权

4．随意下载、使用或传播未经权利人许可的软件或资料属于（　　　）的行为。

A．信息传播　　　　　　　　　B．侵犯知识产权

C．网络钓鱼　　　　　　　　　D．网络攻击

专题17

虚拟社区中的道德与礼仪

随着科技的高速发展，信息技术正飞入寻常百姓家，各类电子设备的操作也越来越简单，技术给我们提供便利的同时，也给我们带来了挑战，各类虚假消息、不当言论等也在身边不时传播。作为信息化时代的青少年，需要具备一定的信息素养能力，能检索与分辨出正确、真实、有数据支撑的信息，积极面对信息时代的各类挑战。

考查方向

★ 能力考评方向

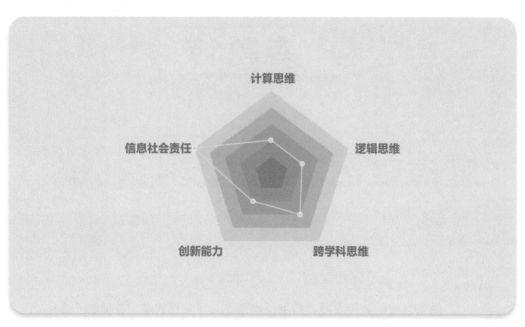

★ 知识结构导图

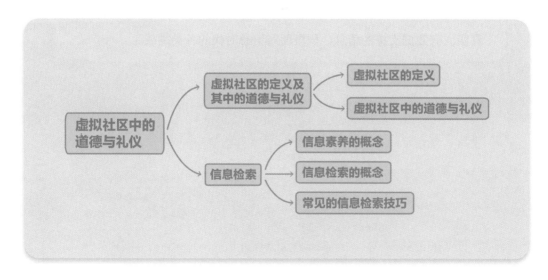

考点清单

 考点 I　虚拟社区的定义及其中的道德与礼仪

考 点 评 估		考 查 要 求
重要程度	★★☆☆☆	1．了解虚拟社区的定义；
难度	★☆☆☆☆	2．了解在虚拟社区中的道德与礼仪，能够在
考查题型	选择题	网络上与他人文明交流

（一）虚拟社区的定义

虚拟社区（virtual community）又称为在线社区，是指以网络为载体，一群有共同兴趣爱好的群体以在线的方式进行聊天、讨论等，是人们在网络中实现社会互动的社会生活单位与空间，如贴吧、问答网站、论坛、微博等。

虚拟社区的基础平台是一种虚拟的网络空间，进入社区的人们可以不受地理位置的限制。这种虚拟性与开放性不同于现实社区，是虚拟社区本身所具有的基本特征。

（二）虚拟社区中的道德与礼仪

虚拟社区道德礼仪又称网络道德，是在网络世界的交往中，以约定俗成的程序或方式来规范人们网络行为举止的手段，也是一个人内在修养和素质的外在表现。

由于虚拟社区本身具有不同于现实社区的基本特征，网络活动中的道德失范行为时有发生，运用网络道德对人们的网络行为进行约束是非常有必要的。同时也要求我们在网络活动中自觉地遵守以下行为规范，共筑良好的网络环境。[①]

（1）尊重不同言论。

（2）尊重他人隐私。

（3）不传播有辱骂性的语言。

（4）不对他人进行恶意中伤或侮辱。

（5）不任意使用非法盗版软件。

---

① 刘旭升，贾楠．高校网络道德教育研究 [M]．北京：新华出版社，2014．

考点 2　信息检索

考点评估		考查要求
重要程度	★★☆☆☆	1．了解信息素养的概念；
难度	★☆☆☆☆	2．了解信息检索的定义；
考查题型	选择题	3．知道常见信息的搜索技巧

（一）信息素养的概念

在人类社会中，信息以文字、语言、声音、图像、图形、气味、颜色等形式出现。在信息化时代，我们需要具备一定的信息素养能力，才能更好地获取和利用有效的信息。

信息素养是指了解提供信息的系统并能鉴别信息价值、选择获取信息的最佳渠道、掌握获取和存储信息的基本技能，是衡量一个人信息化的重要标志。

作为信息社会的成员，应严格遵守各项信息法规与政策，自觉遵守健康合法的信息伦理与信息道德，规范自身的行为活动，不制造和传播虚假信息，自觉抵制不良信息。

（二）信息检索的概念

信息检索（information retrieval）是用户进行信息查询和获取的主要方式，是查找信息的方法和手段。信息检索的目的就是要解决现实中遇到的问题，基于信息伦理的前提，利用搜索引擎进行信息搜索及信息获取，并对所获得的信息进行评价、整理，直到解决问题为止。

信息检索的核心是信息获取能力，包括了解各种信息来源，掌握检索语言，熟练使用检索工具，能对检索效果进行判断和评价。

（三）常见的信息搜索技巧

信息搜索，可以理解为信息查找、搜寻。本考点主要讲解如何使用搜索引擎提高资源搜索的效率。

1．命令和语法搜索

（1）逻辑"与"（*）

逻辑"与"（*）是一种用于交叉概念或限定关系的组配，可以缩小检索范围，提高查准率。逻辑"与"的格式如下所示。

关键词 1* 关键词 2*…* 关键词 N

例如，要查询词人晏殊所作的词《蝶恋花》，可以在搜索框中输入"蝶恋花 * 晏殊"，则搜索的显示结果均与晏殊所作的《蝶恋花》相关，不会出现其他词人相关的《蝶恋花》，如图 17-1 所示。其搜索逻辑结构如图 17-2 所示。

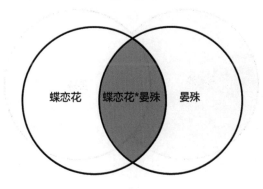

图　17-1

图　17-2

（2）逻辑"或"（+）

逻辑"或"（+）是一种并列概念的组配，一般用于相同概念的不同词，可以扩大检索的范围。逻辑"或"的格式如下所示。

关键词 1+ 关键词 2+…+ 关键词 N

例如，要查询电脑（计算机）相关信息，可以在搜索框中输入"计算机 + 电脑"，则搜索显示的结果既和"计算机"相关，也和"电脑"相关的结果。其搜索逻辑结构如图 17-3 所示。

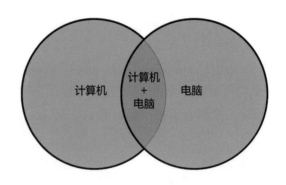

图　17-3

（3）逻辑"非"（-）

逻辑"非"用以排除无关信息，可以缩小查询范围。逻辑"非"的格式如下所示。

关键词 1 - 关键词 2

需要注意的是，第一个关键词与减号之间有空格。

例如，要查询除了词人晏殊所作的《浣溪沙》，可以在搜索框中输入"浣溪沙 -
晏殊"，则搜索显示的结果是排除"晏殊"之外的所有《浣溪沙》。其搜索逻辑结构
如图 17-4 所示。

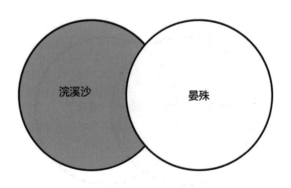

图　17-4

（4）书名号（《》）——书籍或视频等

书名号的格式如下所示。

《关键词》

例如，在搜索框中输入《黄河》，搜索结果显示的是名字为《黄河》相关的诗歌、
视频等。

（5）"intitle："

"intitle："可以指定网页标题中的关键字，将搜索的内容限定在指定的网页标
题中。其格式如下所示。

关键词 1 intitle：关键词 2

例如，要查询老舍的散文，可以在搜索框中输入"老舍 intitle：散文"。

（6）"filetype：文件格式"

"filetype：文件格式"可用于特定格式的文件检索。其格式如下所示。

关键词 1 filetype：文件格式

常见的文件格式，如表 17-1 所示。

表　17-1

类　　型	文档格式
文档类	doc、pdf、ppt
表格类	xls
图片类	png、jpg、gif
视频 / 音频类	mp4、wav、mp3

例如，要查询关于"图形化编程"方面的 ppt，可以在搜索框中输入"图形化编程 filetype：ppt"。

2．高级搜索

（1）打开搜索引擎设置界面中的高级搜索功能，如图 17-5 所示。

图　17-5

（2）设置关键词，就是需要搜索的关键信息。

搜索引擎是通过匹配关键词，而非以回答问题的形式进行信息的搜索。所以在使用搜索引擎时，输入关键词比输入长句子更能搜索到有效的信息。

例如，想要通过搜索获取手机图片导入计算机的方法，则在搜索框中输入"手机图片导入计算机"比输入"请问手机图片如何导入到计算机中？"搜索出来的信息更加有效。

（3）设置时间，可以设置搜索的时间范围。

（4）设置文档格式，若对格式有一定的要求，可以设置具体的文档格式。当设置完毕，单击"高级搜索"按钮即可。

考点探秘

▶ 考题

下列说法中，合理或正确的是（　　）。

A．网络上下载的资源都可以拿来售卖

B．在公用计算机上登录私人账号时，将密码保存在该计算机上

C．网络上搜索到的信息和数据都是真实可靠的

D．在网络社区内，不转发、不传播不健康的信息

※ 核心考点

考点 1：虚拟社区的定义及其中的道德与礼仪

考点 2：信息检索

※ 思路分析

本题考查考生对于虚拟社区道德及辨别网络信息真伪知识点的掌握程度，判断合理的行为和观念。题干要求选择合理或正确的选项，可以使用排除法。

※ 考题解答

选项 A 考查知识产权，网络上的资源是拥有版权的，未经权利人许可将资源进行售卖属于侵权行为，该说法不正确，排除 A 选项。选项 B 考查网络安全，在公共计算机上登录私人账号时，不宜将密码保存在该计算机上，这可能让不法分子有机可乘，盗用个人信息，因此该做法不正确，排除 B 选项。选项 C 考查信息检索，网络上的信息数据质量参差不齐，部分是没有经过证实的信息，所以并不是所有的信息数据都真实可靠，该说法不正确，排除 C 选项。选项 D 考查虚拟社区道德，虽然网络社区是虚拟的、开放的，但是这并不代表可以转发和传播不良信息，D 选项的内容符合网络社区道德规范。故选 D。

巩固练习

1. 下列做法中符合网络道德规范的是（　　）。

   A. 通过网络向他人计算机传播病毒

   B. 利用互联网对他人进行"人肉搜索"

   C. 将谣言转发到自己的班级群

   D. 在社交网站上转发国家发布的政策方针

2. 下面说法中正确的是（　　）。

   A. 可以制作简易的计算机病毒程序

   B. 传播计算机病毒，可能会收到法律制裁

   C. 网络是个虚拟的世界，无所谓道德问题

   D. 发送大量垃圾邮件

3. 下列方法中，不可以提升信息搜索效率的是（　　）。

   A. 在搜索框中输入尽可能多的关键字

   B. 使用"高级搜索"选项

   C. 使用语法规则进行搜索

   D. 使用精确匹配搜索

附　　录

附录A
青少年编程能力等级标准：第1部分

1 范围

本标准规定了青少年编程能力的等级划分及其相关能力要求。

本部分为本标准的第1部分，给出了青少年图形化编程能力的等级及其相关能力要求。

其他部分将根据各个不同的编程语言和领域，给出相应的青少年编程能力的等级及其相关能力要求。

本部分适用于青少年图形化编程能力教学、培训及考核。

2 规范性引用文件

下列文件对于本文件的应用必不可少。凡是注明日期的引用文件，仅注明日期的版本适用于本文件。凡是不注明日期的引用文件，其最新版本（包括所有的修改单）适用于本文件。

《信息技术 学习、教育和培训 测试试题信息模型》（GB/T 29802—2013）

3 术语和定义

3.1 图形化编程平台

面向青少年设计的学习软件程序设计的平台。无须编写文本代码，只需要通过鼠标将具有特定功能的指令模块按照逻辑关系拼装起来就可以实现编程。图形化编程平台通常包含舞台区来展示程序运行的效果，用户可以使用图形化编程平台完成动画、游戏、互动艺术等编程作品。

3.2 指令模块

图形化编程平台中预定义的基本程序块或控件。在常见的图形化编程平台通常被称为"积木"。

3.3 角色

图形化编程平台操作的对象，在舞台区执行命令，按照编写的程序活动。可以通过平台的素材库、本地文件或画板绘制导入。

3.4　背景

角色活动所对应的场景，为角色的活动提供合适的环境。可以通过本地文件、素材库导入。

3.5　舞台

承载角色和背景动作的区域。

3.6　脚本

对应的角色或背景下的执行程序。

3.7　程序

包含背景、角色、实现对应功能的脚本的集合，可以在计算机上进行运行并在舞台区中展示效果。

3.8　函数 / 自定义模块

函数 / 自定义模块是组织好、可重复使用、实现了单一或相关联功能的程序段，可以提高程序的模块化程度和脚本的重复利用率。

3.9　了解

对知识、概念或操作有基本的认知，能够记忆和复述所学的知识，能够区分不同概念之间的差别或者复现相关的操作。

3.10　掌握

能够理解事物背后的机制和原理，能够把所学的知识和技能正确地迁移到类似的场景中，以解决类似的问题。

3.11　综合应用

能够根据不同的场景和问题进行综合分析，并灵活运用所学的知识和技能创造性地解决问题。

4　图形化环境编程能力等级概述

本部分将基于图形化编程平台的编程能力划分为三个等级。每个等级分别规定相应的总体要求及对核心知识点的掌握程度和对知识点的能力要求。本部分第 5、6、7 章规定的要求均为应用图形化编程平台的编程能力要求，不适用于完全使用程序

附录

设计语言编程的情况。

依据本部分进行的编程能力等级测试和认证，均应使用图形化编程平台，应符合相应等级的总体要求及对核心知识点的掌握程度和对知识点的能力要求。

本部分不限定图形化编程平台的具体产品，基于典型图形化编程平台的应用案例作为示例和资料性附录给出。

青少年编程能力等级（图形化编程）共包括三个级别，具体描述如表 A-1 所示。

表 A-1　图形化编程能力等级划分

等　　级	能　力　要　求	能力要求说明
图形化编程一级	基本图形化编程能力	掌握图形化编程平台的使用，应用顺序、循环、选择三种基本的程序结构，编写结构良好的简单程序，解决简单问题
图形化编程二级	初步程序设计能力	掌握更多编程知识和技能，能够根据实际问题的需求设计和编写程序，解决复杂问题，创作编程作品，具备一定的计算思维
图形化编程三级	算法设计与应用能力	综合应用所学的编程知识和技能，合理地选择数据结构和算法，设计和编写程序解决实际问题，完成复杂项目，具备良好的计算思维和设计思维

5　图形化编程一级核心知识点及能力要求

5.1　综合能力及适用性要求

要求能够使用图形化编程平台，应用顺序、循环、选择三种基本的程序结构，编写结构良好的简单程序，解决简单问题。

例：编程实现接苹果的小游戏，苹果每次从舞台上方随机位置出现并下落。如果落出舞台或者被篮子接到就隐藏，然后重新在舞台上方随机位置出现，并重复下落。被篮子接到则游戏分数加 1 。

图形化编程一级综合能力要求分为以下几项。

- 编程技术能力：能够阅读并理解简单的脚本，并能预测脚本的运行结果；能够通过观察运行结果的方式对简单程序进行调试；能够为变量、消息进行规范命名。

- 应用能力：能够应用图形化编程环境编写简单程序，解决一些简单的问题。

- 创新能力：能够使用图形化编程环境创作包含单个场景、少量角色的简单动画或者小游戏。

图形化编程一级与青少年学业存在以下适用性要求。

- 阅读能力要求：认识一定量的汉字并能够阅读简单的中文内容。

- 数学能力要求：掌握简单的整数四则运算；了解小数的概念；了解方向和角度的概念。
- 操作能力要求：掌握鼠标和键盘的使用。

5.2 核心知识点能力要求

图形化编程一级包括 14 个核心知识点，具体说明如表 A-2 所示。

表 A-2 图形化编程一级核心知识点及能力要求

编号	名 称	能力要求
1	图形化编辑器的使用	了解图形化编程的基本概念、图形化编程平台的组成和常见功能，能够熟练使用一种图形化编程平台的基础功能
1.1	图形化编辑器的基本要素	掌握图形化编辑器的基本要素之间的关系。例：舞台、角色、造型、脚本之间的关系
1.2	图形化编辑器主要区域的划分及使用	掌握图形化编辑器的基本区域的划分及基本使用方法。例：了解舞台区、角色区、指令模块区、脚本区的划分；掌握如何添加角色、背景、音乐等素材
1.3	脚本编辑器的使用	掌握脚本编辑器的使用，能够拖曳指令模块拼搭成脚本和修改指令模块中的参数
1.4	编辑工具的基本使用	了解基本编辑工具的功能，能够使用基本编辑工具编辑背景、造型，以及录制和编辑声音
1.5	基本文件操作	了解基本的文件操作，能够使用功能组件打开、新建、命名和保存文件
1.6	程序的启动和停止	掌握使用功能组件启动和停止程序的方法。例：能够使用平台工具自带的开始和终止按钮启动与停止程序
2	常见指令模块的使用	掌握常见的指令模块，能够使用基础指令模块编写脚本实现相关功能
2.1	背景移动和变换	掌握背景移动和变换的指令模块，能够实现背景移动和变换。例：进行背景的切换
2.2	角色平移和旋转	掌握角色平移和旋转的指令模块，能够实现角色的平移和旋转
2.3	控制角色运动方向	掌握控制角色运动方向的指令模块，能够控制角色运动的方向
2.4	角色的显示、隐藏	掌握角色显示、隐藏的指令模块，能够实现角色的显示和隐藏
2.5	造型的切换	掌握造型切换的指令模块，能够实现造型的切换
2.6	设置角色的外观属性	掌握设置角色外观属性的指令模块，能够设置角色的外观属性。例：能够改变角色的颜色或者大小

续表

编 号	名 称	能 力 要 求
2.7	音乐或音效的播放	掌握播放音乐相关的指令模块，能够实现音乐的播放
2.8	侦测功能	掌握颜色、距离、按键、鼠标、碰到角色的指令模块，能够对颜色、距离、按键、鼠标、碰到角色进行侦测
2.9	输入、输出互动	掌握询问和答复指令模块，能够使用询问和答复指令模块实现输入、输出互动
3	二维坐标系基本概念	了解二维坐标系的基本概念
3.1	二维坐标的表示	了解用（x,y）表达二维坐标的方式
3.2	位置与坐标	了解 x、y 的值对坐标位置的影响。 例：了解当 y 值减少，角色在舞台上沿竖直方向下落
4	画板编辑器的基本使用	掌握画板编辑器的基本绘图功能
4.1	绘制简单角色造型或背景	掌握图形绘制和颜色填充的方法，能够进行简单角色造型或背景图案的设计。 例：使用画板设计绘制一个简单的人物角色造型
4.2	图形的复制及删除	掌握图形复制和删除的方法
4.3	图层的概念	了解图层的概念，能够使用图层来设计造型或背景
5	基本运算操作	了解运算相关指令模块，能够完成简单的运算和操作
5.1	算术运算	掌握加、减、乘、除运算指令模块，能够完成自然数的四则运算
5.2	关系运算	掌握关系运算指令模块，能够完成简单的数值比较。 例：判断游戏分数是否大于某个数值
5.3	字符串的基本操作	了解字符串的概念和基本操作，包括字符串的拼接和长度检测。 例：将输入的字符串"12"和"cm"拼接成"12cm"；或者判断输入字符串的长度是否是 11 位
5.4	随机数	了解随机数指令模块，能够生成随机的整数。 例：生成大小在 -200 到 200 之间的随机数
6	画笔功能	掌握抬笔、落笔、清空、设置画笔属性及印章指令模块，能够绘制出简单的几何图形。 例：使用画笔绘制三角形和正方形
7	事件	了解事件的基本概念，能够正确使用单击"开始"按钮、键盘按下、角色被单击事件。 例：利用方向键控制角色上、下、左、右移动
8	消息的广播与处理	了解广播和消息处理的机制，能够利用广播指令模块实现两个角色间的消息的单向传递

附录

编　号	名　　称	能　力　要　求
8.1	定义广播消息	掌握广播消息指令模块，能够使用指令模块定义广播消息并合理命名
8.2	广播消息的处理	掌握收到广播消息指令模块，能够让角色接收对应消息并执行相关脚本
9	变量	了解变量的概念，能够创建变量并且在程序中简单使用。 例：用变量实现游戏的计分功能，接苹果游戏中苹果碰到篮子得分加一
10	基本程序结构	了解顺序、循环、选择结构的概念，掌握三种结构组合使用编写简单程序
10.1	顺序结构	掌握顺序结构的概念，理解程序是按照指令顺序一步一步执行的
10.2	循环结构	了解循环结构的概念，掌握重复执行指令模块，实现无限循环、有次数的循环
10.3	选择结构	了解选择结构的概念，掌握单分支和双分支的条件判断
11	程序调试	了解调试的概念，能够通过观察程序的运行结果对简单程序进行调试
12	思维导图与流程图	了解思维导图和流程图的概念，能够使用思维导图辅助程序设计并识读简单的流程图
13	知识产权与信息安全	了解知识产权与信息安全的基本概念，具备初步的版权意识和信息安全意识
13.1	知识产权	了解知识产权的概念，尊重他人的劳动成果。 例：在对他人的作品进行改编或者在自己的作品中使用他人的成果，要先征求他人同意
13.2	密码的使用	了解密码的用途，能够正确设置密码并对他人保密，保护自己的账号安全
14	虚拟社区中的道德与礼仪	了解在虚拟社区上与他人进行交流的基本礼仪，尊重他人的观点，礼貌用语

5.3　标准符合性规定

5.3.1　标准符合性总体要求

课程、教材与能力测试应符合本部分第 5 章的要求，本部分以下内容涉及的"一级"均指本部分第 5 章规定的"一级"。

5.3.2 课程与教材的标准符合性

课程与教材的总体教学目标不低于一级的综合能力要求，课程与教材的内容涵盖了一级的核心知识点并不低于各知识点的能力要求，则认为该课程或教材符合一级标准。

5.3.3 测试的标准符合性

青少年编程能力等级（图形化编程）一级测试包含了对一级综合能力测试且不低于综合能力要求，测试题均匀覆盖了一级核心知识点并且难度不低于各知识点的能力要求。

用于交换和共享的青少年编程能力等级测试及试题应符合《信息技术 学习、教育和培训 测试试题信息模型》（GB/T 29802—2013）的规定。

5.4 能力测试形式与环境要求

青少年编程能力等级（图形化编程）一级测试应明确测试形式及测试环境，具体要求如表 A-3 所示。

表 A-3 图形化编程一级能力测试形式与环境要求

内　容	描　述
考试形式	客观题与主观编程创作两种题型，主观题分数占比不低于 30%
考试环境	能够进行符合本部分要求的测试的图形化编程环境

6 图形化编程二级核心知识点及能力要求

6.1 综合能力及适用性要求

在一级能力要求的基础上，要求能够掌握更多编程知识和技能，能够根据实际问题的需求设计和编写程序，解决复杂问题，创作编程作品，具备一定的计算思维。

示例：设计一个春、夏、秋、冬四季多种农作物生长的动画，动画内容要求体现出每个季节场景中不同农作物生长状况的差异。

图形化编程二级综合能力要求如下。

- 编程技术能力：能够阅读并理解具有复杂逻辑关系的脚本，并能预测脚本的运行结果；能够使用基本调试方法对程序进行纠错和调试；能够合理地对程序注释。
- 应用能力：能够根据实际问题的需求设计和编写程序，解决复杂问题。
- 创新能力：能够根据给定的主题场景创作多个屏幕、多个场景和多个角色进行交互的动画和游戏作品。

图形化编程二级与青少年学业存在以下适用性要求。

- 程序能力要求：具备图形化编程一级所描述的适用性要求。
- 数学能力要求：掌握小数和角度的概念，了解负数的基本概念。
- 操作能力要求：熟练操作计算机，熟练使用鼠标和键盘。

6.2 核心知识点能力要求

青少年编程能力等级（图形化编程）二级包括 17 个核心知识点，具体说明如表 A-4 所示。

表 A-4 图形化编程二级核心知识点及能力要求

编 号	名 称	能 力 要 求
1	二维坐标系	掌握二维坐标系的基本概念
1.1	坐标系术语	了解 x 轴、y 轴、原点和象限的概念
1.2	坐标的计算	掌握坐标计算的方法，能够通过计算和坐标设置在舞台上精准定位角色
2	画板编辑器的使用	掌握画板编辑器的常用功能
2.1	图层的概念	掌握图层的概念，能够使用图层来设计造型或背景
3	运算操作	掌握运算相关指令模块，能够完成常见的运算和操作
3.1	算术运算	掌握算术运算的概念，能够完成常见的四则运算，向上、向下取整和四舍五入，并在程序中综合应用
3.2	关系运算	掌握关系运算的概念，能够完成常见的数据比较，并在程序中综合应用。 例：在账号登录的场景下，判断两个字符串是否相同，验证密码
3.3	逻辑运算	掌握"与""或""非"逻辑运算指令模块，能够完成逻辑判断
3.4	字符串操作	掌握字符串的基本操作，能够获取字符串中的某个字符，并能够检测字符串中是否包含某个子字符串
3.5	随机数	掌握随机数的概念，结合算术运算生成随机的整数或小数，并在程序中综合应用。 例：让角色等待 0 ~ 1 秒的任意时间
4	画笔功能	掌握画笔功能，能够结合算术运算、转向和平移绘制出丰富的几何图形。 例：使用画笔绘制五环或者正多边形组成的繁花图案等
5	事件	掌握事件的概念，能够正确使用常见的事件，并能够在程序中综合应用

编 号	名 称	能 力 要 求
6	消息的广播与处理	掌握广播和消息处理的机制，能够利用广播指令模块实现多角色间的消息传递。 例：当游戏失败时，广播失败消息通知其他角色停止运行
7	变量	掌握变量的用法，能够在程序中综合应用，实现所需效果。 例：用变量记录程序运行状态，根据不同的变量值执行不同的脚本；用变量解决如鸡兔同笼等数学问题
8	列表	了解列表的概念，掌握列表的基本操作
8.1	列表的创建、删除与显示或隐藏状态	掌握列表创建、删除和在舞台上显示 / 隐藏的方法，能够在程序中正确使用列表
8.2	添加、删除、修改和获取列表中的元素	掌握向列表中添加、删除元素，修改和获取特定位置的元素的指令模块
8.3	列表的查找与统计	掌握在列表中查找特定元素和统计列表长度的指令模块
9	函数	了解函数的概念和作用，能够创建和使用函数
9.1	函数的创建	了解创建函数的方法，能够创建无参数或有参数的函数，增加脚本的复用性
9.2	函数的调用	了解函数调用的方法，能够在程序中正确使用
10	计时器	掌握计时器指令模块，能够使用计时器实现时间统计功能，并能实现超时判断
11	克隆	了解克隆的概念，掌握克隆相关指令模块，能够让程序自动生成大量行为相似的克隆角色
12	注释	掌握注释的概念及必要性，能够为脚本添加注释
13	程序结构	掌握顺序、循环、选择结构，能够综合应用三种结构编写具有一定逻辑复杂性的程序
13.1	循环结构	掌握循环结构的概念、有终止条件的循环和嵌套循环结构
13.2	选择结构	掌握多分支的选择结构和嵌套选择结构的条件判断
14	程序调试	掌握程序调试，能够通过观察程序运行结果和变量的数值对 bug 进行定位，对程序进行调试
15	流程图	掌握流程图的基本概念，能够使用流程图设计程序流程
16	知识产权与信息安全	了解知识产权与信息安全的概念和网络中常见的安全问题及应对措施
16.1	知识产权	了解不同版权协议的限制，能够在程序中正确使用版权内容。 例：在自己的作品中可以使用 CC 版权协议的图片、音频等，并通过作品介绍等方式向原创者致谢

附录

编　号	名　　称	能　力　要　求
16.2	网络安全问题	了解计算机病毒、"钓鱼网站"、木马程序的危害和相应的防御手段。 例：定期更新杀毒软件及进行系统检测，不轻易点开别人发送的链接等
17	虚拟社区中的道德与礼仪	了解虚拟社区中的道德与礼仪，能够在网络上与他人正常交流
17.1	信息搜索	了解信息搜索的方法，能够在网络上搜索信息，理解网络信息的真伪及优劣
17.2	积极健康的互动	了解在虚拟社区上与他人交流的礼仪，能够在社区上积极主动地与他人交流，乐于帮助他人和分享自己的作品

6.3　标准符合性规定

6.3.1　标准符合性总体要求

课程、教材与能力测试应符合本部分第6章的要求，本部分以下内容涉及的"二级"均指本部分第6章规定的"二级"。

6.3.2　课程与教材的标准符合性

课程与教材的总体教学目标不低于二级的综合能力要求，课程与教材的内容涵盖了二级的核心知识点并不低于各知识点的能力要求，则认为该课程或教材符合二级标准。

6.3.3　测试的标准符合性

青少年编程能力等级（图形化编程）二级测试包含了对二级综合能力的测试且不低于综合能力要求，测试题均覆盖了二级核心知识点并且难度不低于各知识点的能力要求。

用于交换和共享的青少年编程能力等级测试及试题应符合《信息技术　学习、教育和培训　测试试题信息模型》（GB/T 29802—2013）的规定。

6.4　能力考试形式与环境要求

青少年编程能力等级（图形化编程）二级测试应明确测试形式及测试环境，具体要求如表A-5所示。

表 A-5　图形化编程二级能力考试形式及环境要求

内　容	描　述
考试形式	客观题与主观编程创作两种题型，主观题分值不低于30%
考试环境	能够进行符合本部分要求的测试的图形化编程环境

7　图形化编程三级核心知识点及能力要求

7.1　综合能力及适用性要求

在二级能力要求的基础上，要求能够综合应用所学的编程知识和技能，合理地选择数据结构和算法，设计和编写程序解决实际问题，完成复杂项目，具备良好的计算思维和设计思维。

示例：设计雪花飘落的动画，展示多种雪花的细节，教师引导学生观察雪花的一个花瓣，发现雪花的每一个花瓣都是一个树状结构。这个树状结构具有分形的特征，可以使用递归的方式绘制出来。

图形化编程三级综合能力要求如下。

- 编程技术能力：能够阅读并理解复杂程序，并能对程序的运行及展示效果进行预测；能够熟练利用多种调试方法对复杂程序进行纠错和调试。
- 应用能力：能够合理利用常用算法进行简单数据处理；具有分析、解决复杂问题的能力，在解决问题的过程中体现出一定的计算思维和设计思维。
- 创新能力：能够根据项目需求发散思维，结合多领域、多学科知识，从人机交互、动画表现等方面进行设计创作，完成多屏幕、多场景和多角色进行交互的复杂项目。

图形化编程三级与青少年学业存在以下适用性要求。

- 前序能力要求：具备图形化编程一级、二级所描述的适用性要求。
- 数学能力要求：了解概率的概念。

7.2　核心知识点能力要求

青少年编程能力等级（图形化编程）三级包括 14 个核心知识点，具体说明如表 A-6 所示。

表 A-6　图形化编程三级核心知识点及能力要求

编　号	名　称	能力要求
1	列表	掌握列表数据结构，能够使用算法完成数据处理和使用个性化索引建立结构化数据

编 号	名 称	能 力 要 求
2	函数	掌握带返回值的函数的创建与调用
3	克隆	掌握克隆的高级功能，能够在程序中综合应用。 例：克隆体的私有变量
4	常用编程算法	掌握常用编程算法，能够对编程算法产生兴趣
4.1	排序算法	掌握冒泡、选择和插入排序的算法，能够在程序中实现相关算法，实现列表数据排序
4.2	查找算法	掌握遍历查找及列表的二分查找算法，能够在程序中实现相关算法并进行数据查找
5	递归调用	掌握递归调用的概念，能够使用递归调用解决相关问题
6	人工智能基本概念	了解人工智能的基本概念，能够使用人工智能相关指令模块实现相应功能，体验人工智能。 例：使用图像识别指令模块完成人脸识别；使用语音识别或语音合成指令模块
7	数据可视化	掌握绘制折线图和柱状图的方法
8	项目分析	掌握项目分析的基本思路和方法
8.1	需求分析	了解需求分析的概念和必要性，能够从用户的角度进行需求分析
8.2	问题拆解	掌握问题拆解的方法，能够对问题进行分析及抽象，拆解为若干编程可解决的问题
9	角色造型及交互设计	掌握角色造型和交互设计的技巧
9.1	角色的造型设计	掌握角色造型设计的技巧，能够针对不同类型角色设计出合适的形象和动作
9.2	程序的交互逻辑设计	掌握程序交互逻辑设计的技巧，能够根据情境需求，选择合适的人机交互方式设计较丰富的角色间的互动行为
10	程序模块化设计	了解程序模块化设计的思想，能够根据角色设计确定角色功能点，综合应用已掌握的编程知识与技能，对多角色程序进行模块化设计。 例：将实现同一功能的脚本放在一起，便于理解程序逻辑
11	程序调试	掌握参数输出等基本程序调试方法，能够有意识地设计程序断点。 例：通过打印出的程序运行参数快速定位错误所处的角色及脚本
12	流程图	掌握流程图的概念，能够绘制流程图，使用流程图分析和设计程序、表示算法
13	知识产权与信息安全	掌握知识产权和信息安全的相关知识，具备良好的知识产权和信息安全意识
13.1	版权保护的利弊	了解国内外版权保护的现状，讨论版权保护对创新带来的影响

编　号	名　　称	能　力　要　求
13.2	信息加密	了解一些基本的加密手段，以此来了解网络中传输的信息是如何被加密保护的
14	虚拟社区中的道德与礼仪	掌握虚拟社区中的道德与礼仪，具备一定的信息鉴别能力，能够通过信息来源等鉴别网络信息的真伪。 例：区分广告与有用信息，不散播错误信息，宣扬正能量

7.3　标准符合性规定

7.3.1　标准符合性总体要求

课程、教材与能力测试应符合本部分第 7 章的要求，本部分以下内容涉及的"三级"均指本部分第 7 章规定的"三级"。

7.3.2　课程与教材的标准符合性

课程与教材的总体教学目标不低于三级的综合能力要求，课程与教材的内容涵盖了三级的核心知识点并不低于各知识点的能力要求，则认为该课程或教材符合三级标准。

7.3.3　测试的标准符合性

青少年编程能力等级（图形化编程）三级测试包含了对三级综合能力的测试且不低于综合能力要求，测试题均匀覆盖了三级核心知识点并且难度不低于各知识点的能力要求。

用于交换和共享的青少年编程能力等级测试及试题应符合《信息技术　学习、教育和培训　测试试题信息模型》（GB/T 29802—2013）的规定。

7.4　能力考试形式与环境要求

青少年编程能力等级（图形化编程）三级测试应明确测试形式及测试环境，具体要求如表 A-7 所示。

表 A-7　图形化编程三级能力考试形式及环境要求

内　容	描　　述
考试形式	客观题与主观编程创作两种题型，主观题分值不低于 40%
考试环境	能够进行符合本部分要求的测试的图形化编程环境

附录B
真题演练及参考答案

1. 扫描二维码下载文件：真题演练

2. 扫描二维码下载文件：参考答案